# Photovoltaik

## Strom aus Sonnenlicht

A. van de Boerenvijand

Alle Ratschläge in diesem Buch wurden vom Autor sorgfältig erwogen und geprüft. Eine Garantie kann dennoch nicht übernommen werden. Die hier zur Verfügung gestellten Informationen sind wahrheitsgetreu und konsistent, so dass jede Haftung, im Sinne von Unachtsamkeit oder anderweitig, durch die Nutzung oder den Missbrauch von Richtlinien, Prozessen oder Anweisungen, die hier enthalten sind, die alleinige und vollständige Verantwortung des Empfängers und Lesers ist. Unter keinen Umständen kann der Herausgeber für Wiedergutmachung, Schäden oder finanzielle Verluste, die direkt oder indirekt auf die hierin enthaltenen Informationen zurückzuführen sind, haftbar gemacht werden.

Buchtitel: Photovoltaik – Strom aus Sonnenlicht

© 2023 A. van de Boerenvijand

## Hinweis zum Haftungsausschluss:

Bitte beachten Sie, dass die in diesem Dokument enthaltenen Informationen nur zu Bildungs- und Unterhaltungszwecken gedacht sind. Es wurden alle Anstrengungen unternommen, um genaue, aktuelle und verlässliche vollständige Informationen bereitzustellen. Es werden keine Garantien jeglicher Art ausgesprochen oder impliziert. Die Leser nehmen zur Kenntnis, dass der Autor keine rechtliche, finanzielle, medizinische oder professionelle Beratung anbietet.

Mit der Lektüre dieses Dokuments erklärt sich der Leser damit einverstanden, dass wir unter keinen Umständen für direkte oder indirekte Verluste verantwortlich sind, die sich aus der Verwendung der in diesem Dokument enthaltenen Informationen ergeben.

# Über den Autor

## *A. van de Boerenvijand*

A. van de Boerenvijand aus Düsseldorf ist ein anerkannter Autor im Bereich „regenerative Energien" und „Energieberatung". Er hat nach dem seinem Studium im Bereich technische Gebäudeausrüstung als Diplom-Ingenieur gearbeitet.

In 2008 bildete er sich zum Energieberater und Projektmanager für regenerative Energien weiter.

In 2013 erfolgte eine Weiterbildung zum Sachverständigen für Energieberatung sowie die Zertifizierung zum Sachverständigen für Energieberatung durch den „Deutschen Gutachter und Sachverständigen Verband".

Seit 2021 schreibt A. van de Boerenvijand Ratgeber zu regenerative Energien und Energiesparen.

# Inhaltsverzeichnis

# 1. Einleitung

## 1.1. Bedeutung und Relevanz der Photovoltaik in der heutigen Welt

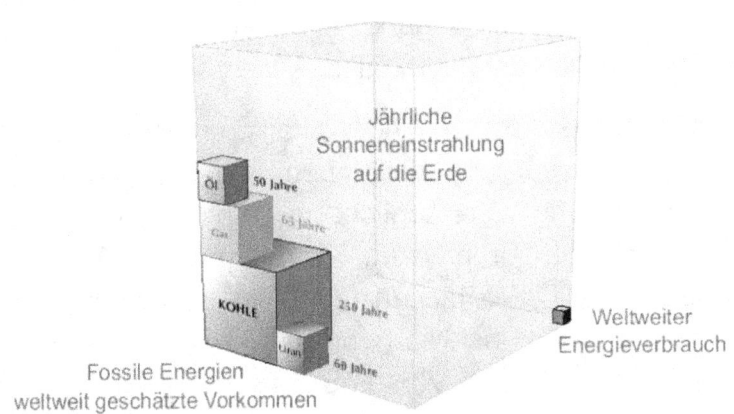

Die Photovoltaik, auch als Solarstrom bezeichnet, hat in den letzten Jahrzehnten eine stetige Weiterentwicklung erfahren und zählt heute zu den wichtigsten Technologien im Bereich erneuerbare Energien. Die Bedeutung und Relevanz der Photovoltaik in der heutigen Welt ist unbestritten, da sie einen wichtigen Beitrag zur Umstellung auf eine klimafreundliche und nachhaltige Energieversorgung leistet.

Eine der größten Herausforderungen unserer Zeit ist die Reduzierung des CO2-Ausstoßes, um den Klimawandel zu begrenzen. Hierbei spielt die Photovoltaik eine wichtige Rolle, da sie es ermöglicht, saubere Energie aus Sonnenlicht zu erzeugen, ohne dabei CO2-Emissionen zu verursachen. Im Gegensatz zur Stromerzeugung aus fossilen Brennstoffen, die mit erheblichen Umweltbelastungen und Gesundheitsrisiken verbunden ist, ist die Stromerzeugung aus Photovoltaik-Anlagen umweltfreundlich und nachhaltig.

Darüber hinaus trägt die Photovoltaik zur Diversifizierung der Energieversorgung bei, indem sie eine dezentrale Stromversorgung ermöglicht. Photovoltaik-Anlagen können sowohl auf privaten als auch auf öffentlichen Gebäuden, auf Freiflächen oder in Kombination mit Batteriespeichern installiert werden. Auf diese Weise können sie zur Versorgung von Haushalten, Unternehmen und ganzen Regionen beitragen und somit die Abhängigkeit von zentralisierten Energieversorgern reduzieren.

Neben den ökologischen und ökonomischen Vorteilen trägt die Photovoltaik auch zur Schaffung von Arbeitsplätzen und zur Förderung der lokalen Wirtschaft bei. Der Ausbau der Photovoltaik-Industrie und der Installation von Photovoltaik-Anlagen erfordert Fachkräfte aus verschiedenen Bereichen wie Ingenieurwesen, Handwerk und Logistik, was zu einer Steigerung der Beschäftigungszahlen führt.

Insgesamt ist die Bedeutung und Relevanz der Photovoltaik in der heutigen Welt unbestreitbar. Die Photovoltaik leistet einen wichtigen Beitrag zur Umstellung auf eine nachhaltige und klimafreundliche Energieversorgung, trägt zur Diversifizierung der Energieversorgung bei, schafft Arbeitsplätze und fördert die lokale Wirtschaft. Es ist zu hoffen, dass die Photovoltaik auch in Zukunft weiter ausgebaut wird, um eine nachhaltige Energiezukunft zu schaffen.

## 1.2. Einführung in die grundlegenden Konzepte der Photovoltaik

Die grundlegenden Konzepte der Photovoltaik bilden das Fundament für das Verständnis dieser faszinierenden Technologie. Die Photovoltaik ermöglicht die direkte Umwandlung von Sonnenlicht in elektrische Energie und spielt eine entscheidende Rolle in der nachhaltigen Energiegewinnung. Hier sind einige der grundlegenden Konzepte, die für die Funktionsweise der Photovoltaik wichtig sind:

- Der photovoltaische Effekt ist das zentrale Prinzip der Photovoltaik. Er beschreibt den Vorgang, bei dem lichtabsorbierende Materialien, meistens Halbleiter, unter Lichteinstrahlung elektrische Energie erzeugen. Der photovoltaische Effekt beruht auf der Wechselwirkung von Photonen, den kleinsten Energiepaketen des Lichts, mit den Elektronen im Halbleitermaterial.

- Eine Solarzelle ist das grundlegende Bauelement der Photovoltaik. Sie besteht in der Regel aus einem Halbleitermaterial, das üblicherweise Silizium verwendet wird. Wenn Licht auf die Solarzelle trifft, werden Elektronen aus dem Halbleitermaterial freigesetzt, was zu einem Ladungsungleichgewicht führt und einen elektrischen Strom erzeugt. Die elektrische Leistung einer Solarzelle wird durch ihre Effizienz bestimmt, also den Anteil des eingestrahlten Lichts, der in elektrische Energie umgewandelt wird.

- Ein Photovoltaik-Modul, oft auch Solarpanel genannt, besteht aus einer Anordnung von mehreren Solarzellen, die in Reihe oder parallel geschaltet sind. Die Verbindung der Solarzellen zu einem Modul erhöht die elektrische Spannung und Leistung, was für die praktische Anwendung von Solarstrom erforderlich ist. Die Module sind in der Regel in einem wetterfesten Gehäuse eingebettet und mit einem Glasabdeckungsschicht geschützt.

- Photovoltaik-Anlagen können entweder an das öffentliche Stromnetz angeschlossen sein oder den erzeugten Strom für den Eigenverbrauch in einem Gebäude nutzen. Bei der Netzeinspeisung wird der überschüssige Strom, der nicht im Gebäude benötigt wird, ins Stromnetz eingespeist und vergütet. Beim Eigenverbrauch wird der erzeugte Strom direkt im Gebäude verwendet, was den Bezug von Strom aus dem Netz reduziert.

- Der Wechselrichter ist ein wesentlicher Bestandteil einer Photovoltaik-Anlage. Er wandelt den erzeugten Gleichstrom (DC) der Solarzellen in den für den Haushaltsgebrauch geeigneten Wechselstrom (AC) um. Der Wechselrichter sorgt dafür, dass der erzeugte Strom den elektrischen Anforderungen des Gebäudes entspricht und optimiert die Leistung der Anlage.

# 1.3. Überblick über die Geschichte der Photovoltaik und ihre Entwicklung

Die Geschichte der Photovoltaik ist geprägt von bedeutenden Entdeckungen, bahnbrechenden technologischen Fortschritten und einem kontinuierlichen Streben nach einer nachhaltigen Energiegewinnung. Hier ist ein Überblick über die wichtigsten Meilensteine und Entwicklungen in der Geschichte der Photovoltaik:

- Entdeckung des photovoltaischen Effekts (1839): Die Grundlagen der Photovoltaik wurden 1839 von dem französischen Physiker Alexandre Edmond Becquerel entdeckt. Er beobachtete, dass bestimmte Materialien elektrische Energie erzeugen, wenn sie dem Sonnenlicht ausgesetzt sind. Dieser Effekt wurde als der photovoltaische Effekt bekannt und bildete die Grundlage für die Entwicklung der Solarzellen.

- Entwicklung der ersten Solarzelle (1883): Charles Fritts, ein amerikanischer Erfinder, entwickelte 1883 die erste funktionsfähige Solarzelle. Seine Solarzelle bestand aus einer dünnen Schicht von Selen, das auf eine Metallplatte aufgebracht wurde. Obwohl sie eine geringe Effizienz hatte, markierte sie einen wichtigen Meilenstein in der Geschichte der Photovoltaik.

- Erste Anwendungen der Photovoltaik (20. Jahrhundert): Während des 20. Jahrhunderts wurden die ersten praktischen Anwendungen der Photovoltaik entwickelt. In den 1950er Jahren wurden Solarzellen für den Einsatz in Weltraummissionen entwickelt, da sie eine zuverlässige Stromversorgung in der Schwerelosigkeit ermöglichten. 1958 wurden die ersten Satelliten mit Solarzellen ins All geschickt.

- Fortschritte in der Solarzellentechnologie: In den folgenden Jahrzehnten wurden bedeutende Fortschritte in der Solarzellentechnologie erzielt. Die

Entwicklung von Silizium als das am häufigsten verwendete Material für Solarzellen führte zu verbesserten Wirkungsgraden und niedrigeren Kosten. In den 1980er Jahren wurden monokristalline und polykristalline Solarzellen eingeführt, die die Effizienz weiter steigerten.

- Kommerzielle Nutzung von Photovoltaik: Ab den 1990er Jahren begann die kommerzielle Nutzung von Photovoltaik deutlich zuzunehmen. Die Kosten für Solarzellen und Photovoltaik-Module sanken kontinuierlich, was zu einer breiteren Akzeptanz und Verbreitung führte. Die Photovoltaik wurde zunehmend in Anwendungen wie Tele-kommunikation, Beleuchtungssystemen, Verkehrszeichen und autonomen Stromversorgungen eingesetzt.

- Boom der Photovoltaik-Industrie: Im frühen 21. Jahrhundert erlebte die Photovoltaik einen regelrechten Boom. Die steigende Nachfrage nach erneuerbaren Energien, die staatlichen Förderprogramme und das wachsende Umweltbewusstsein trugen zu einem massiven Ausbau der Photovoltaik-Industrie bei. Die installierte Photovoltaik-Leistung weltweit erreichte Rekordwerte, und die Kosten für Solarenergie sanken kontinuierlich.

# 2. Grundlagen der Photovoltaik

## 2.1. Funktionsweise von Solarzellen und Photovoltaik-Modulen

Solarzellen sind die Grundbausteine von Photovoltaik-Modulen und wandeln Sonnenlicht direkt in elektrischen Strom um. Die Funktionsweise einer Solarzelle beruht auf dem photovoltaischen Effekt, der besagt, dass bei Einstrahlung von Licht auf bestimmte Materialien, Elektronen aus ihrem Gleichgewichtszustand herausgelöst werden und in Bewegung geraten.

Eine Solarzelle besteht aus zwei Schichten, die aus unterschiedlichen Materialien bestehen: einer n-dotierten Schicht und einer p-dotierten Schicht. Die n-dotierte Schicht enthält Atome mit überschüssigen Elektronen, während die p-dotierte Schicht Atome enthält, die Elektronen benötigen. Die Grenzfläche zwischen den beiden Schichten wird als pn-Übergang bezeichnet.

Wenn nun Licht auf die Solarzelle trifft, wird ein Teil der Photonen absorbiert, und die darin enthaltene Energie wird auf die Elektronen in der n-dotierten Schicht übertragen. Diese Elektronen werden dadurch in einen höheren Energiezustand gebracht und können durch den pn-Übergang in die p-dotierte Schicht wandern, wo sie von den Elektronenlöchern aufgenommen werden. Auf diese Weise wird ein elektrisches Feld erzeugt, das eine Bewegung der Elektronen von der p- zur n-Schicht erzwingt.

Die Elektronen können jedoch nicht einfach von der p- zur n-Schicht fließen, sondern müssen durch einen externen Stromkreis geleitet werden. Dies wird durch den Anschluss von Leitungen an die beiden Schichten und den Anschluss eines Verbrauchers, z.B. einer Glühbirne oder eines elektrischen Geräts, erreicht. Der elektrische Strom, der dabei fließt, ist das Ergebnis des photovoltaischen Effekts.

Photovoltaik-Module bestehen aus mehreren Solarzellen, die in Reihe oder parallel geschaltet sind, um höhere Spannungen und Ströme zu erzeugen. Die Module sind in der Regel von einer Schicht aus gehärtetem Glas oder Kunststoff geschützt, um sie vor Witterungseinflüssen zu schützen. Darüber hinaus sind sie mit einem Aluminiumrahmen versehen, der sie stabilisiert und es ermöglicht, sie auf Dächer, Fassaden oder andere Flächen zu montieren.

Insgesamt haben Solarzellen und Photovoltaik-Module in den letzten Jahrzehnten enorme Fortschritte gemacht und sind zu einem wichtigen Bestandteil der erneuerbaren Energieversorgung geworden. Mit der kontinuierlichen Verbesserung der Technologie und der steigenden Nachfrage nach erneuerbaren Energien wird die Photovoltaik voraussichtlich auch in Zukunft eine wichtige Rolle in der Energieversorgung spielen.

## 2.2. Aufbau und Eigenschaften von Halbleitern in der Photovoltaik

Halbleiter sind ein entscheidender Bestandteil von Solarzellen und Photovoltaik-Modulen. Ein Halbleiter ist ein Material, das eine elektrische Leitfähigkeit zwischen der eines Isolators und eines Leiters aufweist und somit eine wichtige Rolle bei der Umwandlung von Sonnenenergie in elektrischen Strom spielt.

Halbleiter bestehen aus Atomen, die eine geringe Anzahl von Valenzelektronen besitzen und somit leicht Elektronen aufnehmen oder abgeben können, um eine stabile Bindung einzugehen. Ein bekanntes Beispiel für einen Halbleiter ist Silizium. Es ist das am häufigsten verwendete Material in der Photovoltaikindustrie aufgrund seiner Fähigkeit, Photonen des Sonnenlichts zu absorbieren und dadurch Elektronen zu erzeugen.

In Solarzellen wird eine dünne Schicht aus einem Halbleitermaterial wie Silizium auf einen Träger aufgebracht. Die Schicht wird dann mit einem pn-Übergang versehen, der durch das Hinzufügen von Fremdatomen erzeugt wird. Dadurch entsteht eine

Grenzfläche zwischen einer n-dotierten und einer p-dotierten Schicht. Wenn Photonen aus Sonnenlicht auf die Solarzelle treffen, werden Elektronen aus der Valenzband des Halbleiters herausgelöst und können sich dann frei in der Leitfähigkeitsband des Halbleiters bewegen.

Die elektrischen Eigenschaften von Halbleitern können durch verschiedene Verfahren manipuliert werden, um ihre Leistungsfähigkeit in Solarzellen zu verbessern. Beispielsweise kann die Dotierung von Fremdatomen die Eigenschaften des Halbleiters beeinflussen und dadurch den photovoltaischen Effekt verstärken. Ein weiterer Ansatz besteht darin, mehrere Schichten von unterschiedlichen Halbleitermaterialien zu kombinieren, um eine höhere Absorption von Sonnenlicht und eine effektivere Trennung von Elektronen und Löchern zu erreichen.

Neben Silizium werden auch andere Halbleitermaterialien wie Cadmiumtellurid, Kupfer-Indium-Gallium-Selenid (CIGS) und organische Polymere in Solarzellen eingesetzt. Jedes Material hat seine spezifischen Vor- und Nachteile hinsichtlich Leistung, Kosten, Verfügbarkeit und Umweltverträglichkeit.

Insgesamt sind Halbleiter ein wesentlicher Bestandteil von Photovoltaik-Modulen und spielen eine entscheidende Rolle bei der Umwandlung von Sonnenlicht in elektrischen Strom. Durch die kontinuierliche Verbesserung der Halbleitertechnologie wird die Effizienz und Kosteneffektivität der Photovoltaik-Technologie weiter verbessert.

## 2.3. Einflussfaktoren auf die Effizienz von Solarzellen

Die Effizienz von Solarzellen, also der Anteil des eingestrahlten Sonnenlichts, der in elektrische Energie umgewandelt wird, kann von verschiedenen Faktoren beeinflusst werden. Hier sind einige wichtige Einflussfaktoren:

- Das Material, aus dem die Solarzelle hergestellt ist, hat einen großen Einfluss auf ihre Effizienz. Verschiedene Materialien haben unterschiedliche Absorptions- und elektrische Eigenschaften, die sich auf die Effizienz auswirken. Silizium, das am häufigsten verwendete Material, bietet eine gute Balance zwischen Kosten und Effizienz.

- Absorptionsbereich: Die Fähigkeit einer Solarzelle, Sonnenlicht zu absorbieren, hängt von ihrem Absorptionsbereich ab. Je größer der Bereich ist, in dem die Solarzelle Licht absorbieren kann, desto mehr Energie kann sie umwandeln. Fortschritte bei der Entwicklung von Materialien und Strukturen haben dazu geführt, dass Solarzellen ein breiteres Spektrum des Sonnenlichts absorbieren können.

- Reflexionen an der Oberfläche der Solarzelle können zu Verlusten führen, da das reflektierte Licht nicht absorbiert und in Energie umgewandelt wird. Durch den Einsatz von Antireflexionsbeschichtungen und Texturierung der Oberfläche kann der Reflexionsverlust minimiert werden, um die Effizienz zu verbessern.

- Rekombination bezieht sich auf den Verlust von Elektronen und Löchern in der Solarzelle, bevor sie erfasst und als Strom genutzt werden können. Durch den Einsatz von Materialien mit geringer Rekombinationsrate und die Optimierung der Zellstruktur kann der Rekombinationsverlust minimiert werden.

- Die Kontaktschicht einer Solarzelle ermöglicht den Stromfluss von der Solarzelle zum externen Stromkreis. Eine effiziente Kontaktschicht mit niedrigem Widerstand ist wichtig, um den Stromverlust zu minimieren.

- Die Temperatur beeinflusst die Leistung von Solarzellen. Hohe Temperaturen können zu einem Anstieg des internen Widerstands führen und die Effizienz verringern. Daher ist eine effektive Wärmeableitung wichtig, um die Betriebstemperatur der Solarzelle zu kontrollieren.

- Die Intensität und Qualität des einfallenden Sonnenlichts können die Effizienz von Solarzellen beeinflussen. Einstrahlungswinkel, Verschattung und Wetterbedingungen können die Menge an einfallendem Licht reduzieren und somit die Leistung der Solarzelle beeinträchtigen.

Die kontinuierliche Forschung und Entwicklung zielt darauf ab, diese Einflussfaktoren zu optimieren, um die Effizienz von Solarzellen weiter zu verbessern. Fortschritte in Materialien, Zellstrukturen und Herstellungstechnologien tragen zur Steigerung der Effizienz und zur Kostensenkung der Photovoltaik bei.

## 2.4. Dachintegration

Bei der Integration einer Photovoltaikanlage in einem Gebäude gilt die erste Überlegung den geeigneten Flächen. Prinzipiell kommt hierfür jede Fläche in Frage, die einer direkten Sonneneinstrahlung ausgesetzt ist. In der Praxis haben sich einige Bereiche der Gebäudehülle als besonders geeignet erwiesen. Im Dachbereich gilt dies vor allem für das Schrägdach, welches idealerweise als südorientiertes Pultdach ausgebildet wird. Zu beachten ist hierbei, dass Dachgauben oder Installationen, die die Dachhaut durchdringen, ertragsmindernde Verschattungen hervorrufen können.

Bei geringer Dachneigung sind auch nicht optimal orientierte Dachflächen.

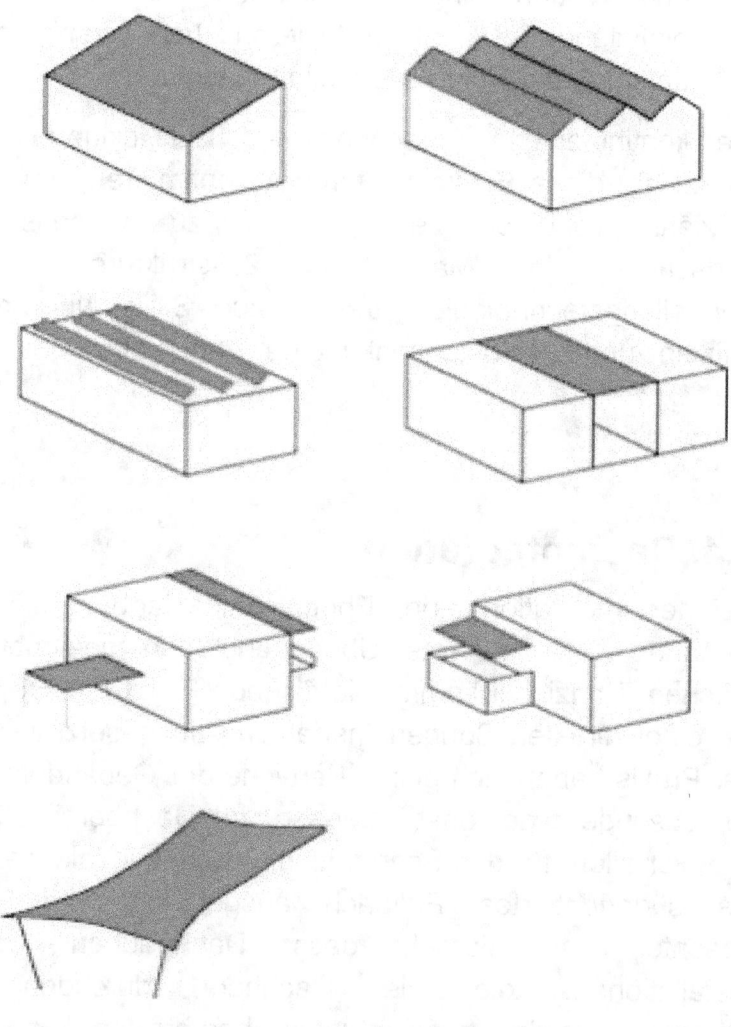

## 2.5. Ausrichtung

Bei der Planung einer Photovoltaik-Anlage ist die Ausrichtung der gewählten Gebäudeflächen in besonderem Maße zu berücksichtigen. Wenn gleich auch die Planungskriterien bei gebäudeintegrierten Anlagen nicht rein ertragsorientiert sein müssen, so ist es dennoch unabdingbar, die besonderen Anforderungen dieser elektrotechnischen Bauteile zu berücksichtigen. In erster Linie gilt dies für die Ausrichtung der Modulfläche, die mit Südorientierung und einer Neigung von ca. 35° gegen die Horizontale in Mitteleuropa über das Jahr betrachtet die maximalen Solarerträge ermöglicht. Dennoch hat man als Planer bei der Ausrichtung des Gebäudes einen großen Spielraum: Abweichungen von Süd-Ost bis Süd-West ziehen lediglich geringe Ertragseinbußen nach sich. Bei der Wahl des Neigungswinkels hat man mit südlicher Orientierung selbst bei vertikalem Einbau noch fast 3/4 der Einstrahlung gegenüber einer optimalen Ausrichtung.

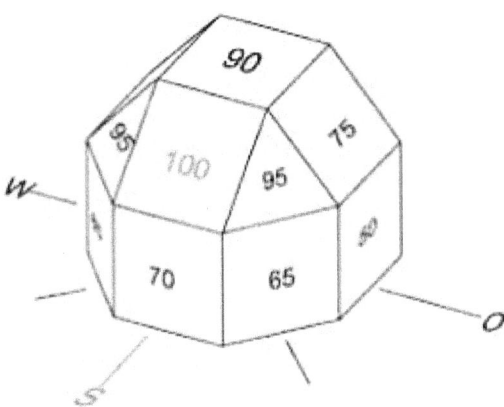

## 2.6. Hinterlüftung

Neben der Ausrichtung und möglicher Abschattung der Module hat der elektrische Wirkungsgrad der Photovoltaikanlage einen entscheidenden Einfluss auf den Ertrag. Dieser nimmt mit zunehmender Erwärmung der Solarzellen ab. Der Planer hat darauf über die Wahl der konstruktiven Einbindung großen Einfluss. Eine ausreichende Hinterlüftung sollte durch entsprechende Planung gewährleistet sein, zumindest aber mit den anderen bautechnischen und gestalterischen Entscheidungskriterien abgewogen werden.

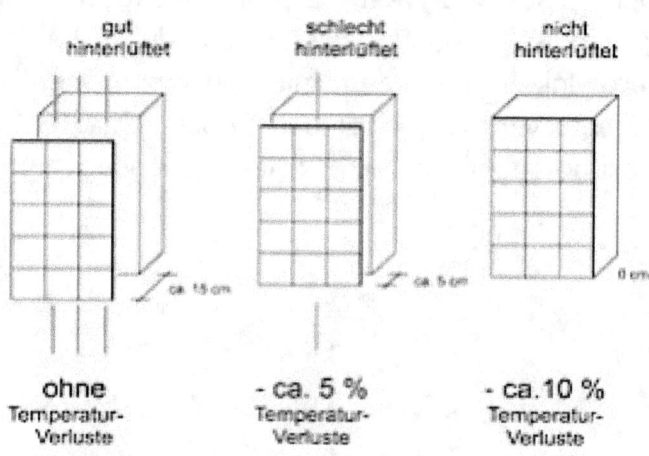

## 2.7. Verschattungsfreiheit

Entscheidend für den Ertrag einer Photovoltaikanlage ist nach der Orientierung die Verschattungsfreiheit der Generatorfläche. Hierbei gilt für Photovoltaikanlagen die Besonderheit, dass aus oben angeführten Gründen bereits geringe Abschattungen von Modulen eine große Ertragseinbuße nach sich ziehen können. Oberstes Ziel sollte es daher sein, die Modulfläche so zu planen, dass sie im Tagesverlauf über das Sommerhalbjahr verschattungsfrei bleibt.

Besonderes Augenmerk gilt hierbei der Analyse der umgebenden Bebauung. Auch Bepflanzungen können, eventuell erst zu einem späteren Zeitpunkt, Verschattungssituationen hervorrufen. Dies gilt besonders für neu entworfene Grünanlagen, die oftmals von externen Planern gestaltet werden. Genaue Vorgaben zur Sicherstellung der Verschattungsfreiheit sind daher ratsam. Auch eine mögliche Selbstverschattung des Gebäudes sollte untersucht werden. Dies kann sowohl durch die Gebäudegeometrie selbst hervorgerufen werden, als auch über Konstruktionen im Detail, z.B. Tiefe Abdeckleisten, abgehängte Elemente.

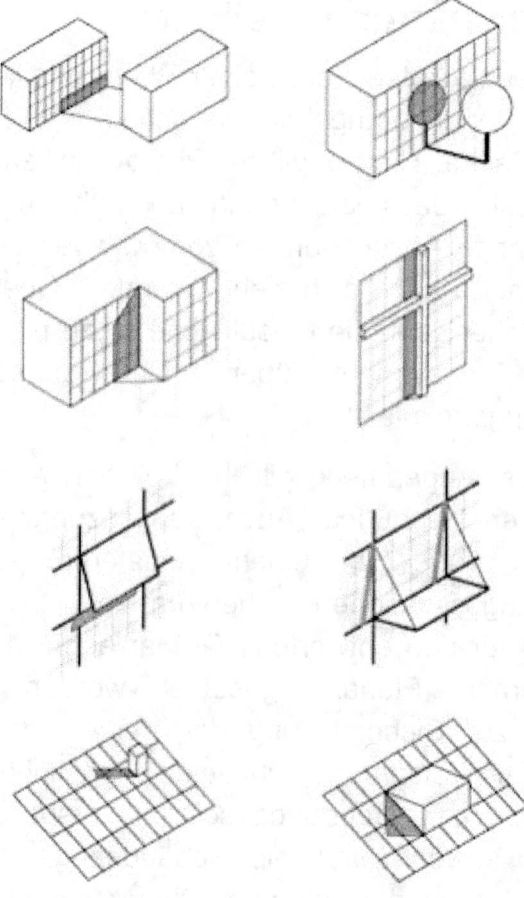

## 2.8. Batteriespeicher

Durch den Einsatz von Lastmanagement- und Batteriespeichersystemen kann der Eigenverbrauch von Solarstrom weiter gesteigert werden. Das macht sie unabhängig von Strompreisschwankungen. Das erhöht, insbesondere bei einem hohen eingesparten Bezugsstrompreis, die Wertschöpfung pro Kilowattstunde und trägt damit am Ende zur Verbesserung der Eigenkapitalrendite einer Solarstromanlage bei.

Die Voraussetzung dafür ist, dass der Aufwand für die zusätzlichen Geräte in einem angemessenen Verhältnis zur Erhöhung des erreichten Eigenverbrauchsanteils steht.

Batteriespeicher speichern den Strom, damit Sie ihn zu einem späteren Zeitpunkt nutzen können und macht sie sicher bei Stromausfällen.

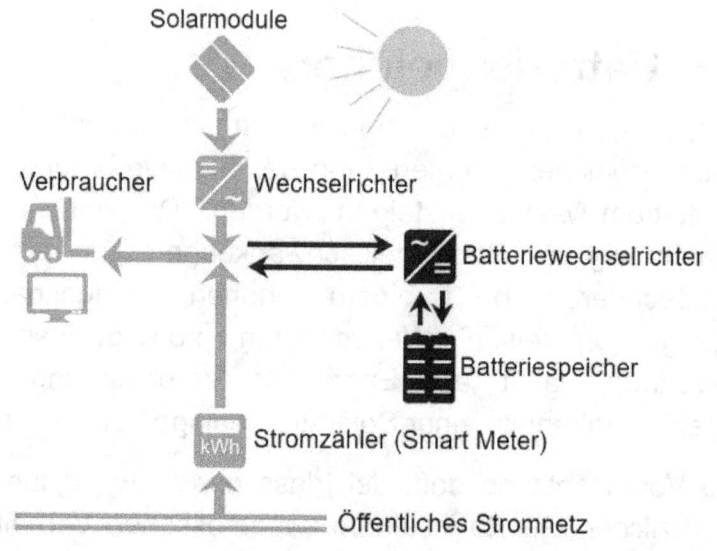

# 3. Photovoltaik-Technologien

## 3.1. monokristalline Solarzellen

Monokristalline Solarzellen sind eine Art von Solarzellen, die in der Photovoltaik verwendet werden. Im Gegensatz zu polykristallinen Solarzellen bestehen monokristalline Solarzellen aus einem einzigen Kristall, der eine regelmäßige und einheitliche Struktur aufweist. Diese Kristalle werden aus hochreinem Silizium hergestellt.

Die Herstellung von monokristallinen Solarzellen ist ein aufwändiger Prozess. Er beginnt mit dem Schmelzen von Silizium in einem Hochtemperaturofen. Das geschmolzene Silizium wird dann langsam abgekühlt, um einen großen monokristallinen Block zu bilden. Dieser Block wird anschließend in dünne Scheiben geschnitten, die als Wafer bezeichnet werden. Die monokristallinen Wafer haben eine gleichmäßige schwarze Farbe und weisen in der Regel abgerundete Ecken auf.

Monokristalline Solarzellen haben mehrere Vorteile gegenüber polykristallinen Solarzellen. Sie weisen in der Regel eine höhere Umwandlungseffizienz auf, was bedeutet, dass sie mehr Sonnenlicht in elektrischen Strom umwandeln können. Die einheitliche Kristallstruktur ermöglicht eine bessere Bewegung der Ladungsträger und reduziert den Widerstand in der Zelle.

Darüber hinaus haben monokristalline Solarzellen eine hohe ästhetische Qualität. Die einheitliche schwarze Farbe und die abgerundeten Ecken verleihen ihnen ein ansprechendes Erscheinungsbild. Dies macht sie zu einer beliebten Wahl für Solarmodule auf Wohnhäusern und anderen Gebäuden, bei denen das Erscheinungsbild eine Rolle spielt.

Allerdings sind monokristalline Solarzellen in der Regel teurer in der Herstellung als polykristalline Solarzellen. Der aufwändige Prozess der Herstellung von monokristallinen Wafern und die Verwendung von hochreinem Silizium erhöhen die Produktionskosten. Dennoch wird der höhere Wirkungsgrad oft als Ausgleich für den höheren Preis betrachtet.

Monokristalline Solarzellen sind eine bewährte Technologie in der Photovoltaik und werden weit verbreitet eingesetzt. Die kontinuierliche Forschung und Entwicklung zielt darauf ab, die Effizienz weiter zu steigern und die Herstellungskosten zu senken, um monokristalline Solarzellen noch wettbewerbsfähiger zu machen und ihren Beitrag zur sauberen Energieerzeugung zu maximieren.

## 3.2. polykristalline Solarzellen

Polykristalline Solarzellen sind eine Art von Solarzellen, die in der Photovoltaik verwendet werden. Im Gegensatz zu monokristallinen Solarzellen bestehen polykristalline Solarzellen aus mehreren Kristalliten oder Kristallkörnern, die unterschiedliche Ausrichtungen haben. Dies führt zu einer charakteristischen körnigen oder marmorierten Struktur auf der Oberfläche der Zelle.

Der Herstellungsprozess von polykristallinen Solarzellen ist im Allgemeinen einfacher und kostengünstiger als bei monokristallinen Solarzellen. Er umfasst das Schmelzen von Silizium in einem Hochtemperaturofen und das Gießen des geschmolzenen Siliziums in rechteckige Formen, die als Wafer bezeichnet werden. Während des Abkühlungsprozesses bilden sich die polykristallinen Strukturen, da das Silizium in vielen kleinen Kristallstrukturen erstarrt.

Die Eigenschaften von polykristallinen Solarzellen sind etwas unterschiedlich im Vergleich zu monokristallinen Solarzellen. Polykristalline Zellen weisen in der Regel eine geringere Umwandlungseffizienz auf, was bedeutet, dass sie weniger effizient sind, um Sonnenlicht in elektrischen Strom umzuwandeln. Dies liegt hauptsächlich daran, dass die Grenzen zwischen den einzelnen Kristalliten den Durchfluss von Ladungsträgern beeinträchtigen können.

Dennoch haben polykristalline Solarzellen auch einige Vorteile. Sie sind in der Regel kostengünstiger herzustellen, da der Produktionsprozess weniger aufwändig ist. Darüber hinaus zeigen polykristalline Solarzellen eine bessere Leistung bei diffusem Licht, was bedeutet, dass sie auch an bewölkten Tagen oder bei schwächerem Sonnenlicht Energie erzeugen können.

Polykristalline Solarzellen finden breite Anwendung in der Photovoltaikindustrie und sind eine gängige Wahl für Solaranlagen auf Hausdächern, Gewerbegebäuden und Solarparks. Die kontinuierliche Forschung und Entwicklung zielt darauf ab, die Effizienz und Leistung von polykristallinen Solarzellen weiter zu verbessern, um den steigenden Bedarf an erneuerbarer Energie zu decken.


## 3.3. Dünnschicht-Solarzellen

Dünnschicht-Solarzellen sind eine Art von Solarzellen, die durch die Anwendung einer dünnen Schicht halbleitenden Materials auf einem Substrat hergestellt werden. Im Gegensatz zu den herkömmlichen kristallinen Solarzellen, die aus dicken Siliziumwafern bestehen, bestehen Dünnschicht-Solarzellen aus Schichten, die nur wenige Mikrometer oder sogar noch dünner sind.

Es gibt verschiedene Materialien, die in Dünnschicht-Solarzellen verwendet werden, darunter amorphes Silizium (a-Si), Cadmiumtellurid (CdTe), Kupfer-Indium-Gallium-Selenid (CIGS) und organische Materialien wie Polymere. Jedes dieser Materialien hat unterschiedliche elektronische Eigenschaften und Herstellungsverfahren.

Der Herstellungsprozess von Dünnschicht-Solarzellen ist im Allgemeinen weniger energie- und materialintensiv als bei kristallinen Solarzellen. Die dünne Schicht des aktiven Materials ermöglicht es, weniger Material zu verwenden, was die Kosten senkt und die Fertigung flexibler macht. Dünnschicht-Solarzellen können auch auf verschiedenen Substraten hergestellt werden, einschließlich Glas, Kunststofffolien und sogar flexiblen Materialien, was ihnen eine größere Vielseitigkeit in Bezug auf Anwendungsmöglichkeiten gibt.

Obwohl Dünnschicht-Solarzellen im Allgemeinen einen geringeren Wirkungsgrad haben als kristalline Solarzellen, bieten sie dennoch einige Vorteile. Sie sind weniger anfällig für Verschattungseffekte, was bedeutet, dass sie auch bei schwachem Licht oder bei teilweiser Verschattung gut funktionieren können. Darüber hinaus haben sie eine bessere Leistung bei hohen Temperaturen und zeigen eine größere Toleranz gegenüber variierenden Einstrahlungswinkeln.

Dünnschicht-Solarzellen finden Anwendung in verschiedenen Bereichen, einschließlich gebäudeintegrierter Photovoltaik, flexibler Elektronik, tragbaren Geräten und sogar in großen Solarkraftwerken. Sie werden ständig weiterentwickelt, um ihre Effizienz und Leistung zu verbessern und sie zu einer wettbewerbsfähigen Alternative zu kristallinen Solarzellen zu machen. Durch ihre geringeren Materialkosten und die Möglichkeit der Verarbeitung auf flexiblen Substraten bieten Dünnschicht-Solarzellen vielversprechende Chancen für die zukünftige Entwicklung der Solartechnologie.

## 3.4. Organische Solarzellen

Organische Solarzellen, auch als organische Photovoltaik (OPV) bezeichnet, sind eine Art von Solarzellen, die auf organischen Materialien basieren. Im Gegensatz zu herkömmlichen Silizium-Solarzellen verwenden organische Solarzellen organische Halbleitermaterialien, um Sonnenlicht in elektrischen Strom umzuwandeln.

Organische Solarzellen bestehen aus einer aktiven Schicht, die aus einer organischen Verbindung besteht, die als Donor- und Akzeptormaterialpaar bezeichnet wird. Das Donormaterial absorbiert das Sonnenlicht und erzeugt dabei elektronische Anregungen (Elektron-Loch-Paare), während das Akzeptormaterial Elektronen von den erzeugten Elektron-Loch-Paaren akzeptiert und den Stromfluss ermöglicht. Diese elektronischen Anregungen werden dann an den Kontakten der Solarzelle abgeführt, um elektrische Energie zu erzeugen.

Organische Solarzellen bieten verschiedene Vorteile gegenüber herkömmlichen Solarzellen. Sie sind leicht, flexibel und können auf verschiedene Substrate aufgebracht werden, einschließlich Kunststofffolien. Dadurch ermöglichen sie die Herstellung von flexiblen und sogar transparenten Solarzellen, die in einer Vielzahl von Anwendungen integriert werden können.

Ein weiterer Vorteil von organischen Solarzellen ist ihr Herstellungsprozess. Organische Materialien können im Vergleich zu anorganischen Materialien relativ kostengünstig hergestellt werden. Die Herstellung erfolgt oft durch Lösungsverfahren wie Drucken, Sprühen oder Beschichten, was zu einer effizienten Massenproduktion führen kann.

Allerdings haben organische Solarzellen noch einige Herausforderungen zu überwinden. Ihre Wirkungsgrade sind im Allgemeinen niedriger als die von kristallinen Silizium-Solarzellen, obwohl sie in den letzten Jahren erhebliche Fortschritte gemacht haben. Die Stabilität der organischen Materialien gegenüber Feuchtigkeit und UV-Strahlung ist ebenfalls ein wichtiger Faktor, der noch verbessert werden muss.

Organische Solarzellen werden in verschiedenen Anwendungen erforscht und entwickelt, darunter flexible elektronische Geräte, tragbare Elektronik, intelligente Verpackungen und gebäudeintegrierte Photovoltaik. Die kontinuierliche Forschung und Entwicklung zielt darauf ab, die Effizienz, Stabilität und Skalierbarkeit von organischen Solarzellen weiter zu verbessern, um sie zu einer wettbewerbsfähigen und nachhaltigen Technologie zur Energieerzeugung aus Sonnenlicht zu machen.

## 3.5. Perowskit-Solarzellen

Perowskit-Solarzellen sind eine vielversprechende Art von Solarzellen, die auf Perowskit-Materialien basieren. Perowskite sind Kristallstrukturen, die bestimmte anorganische und organische Komponenten enthalten. In der Photovoltaik werden Perowskit-Solarzellen häufig mit einer Klasse von Materialien namens Hybrid-Perowskite hergestellt.

Die Hybrid-Perowskite bestehen aus anorganischen Metallhalogeniden, wie beispielsweise Bleihalogeniden, und organischen Molekülen, die als organische Kationen bezeichnet werden. Die Kombination dieser beiden Komponenten ermöglicht die Bildung einer Perowskit-Struktur mit einzigartigen optoelektronischen Eigenschaften.

Perowskit-Solarzellen haben in kurzer Zeit erhebliche Aufmerksamkeit erregt, da sie hohe Umwandlungseffizienzen erreichen können. Tatsächlich haben Perowskit-Solarzellen das Potenzial, die Effizienzgrenze herkömmlicher Solarzellen zu überschreiten. Seit ihrer Einführung im Jahr 2009 haben Forscher kontinuierlich die Effizienz von Perowskit-Solarzellen gesteigert und sie erreichen mittlerweile Wirkungsgrade von über 25 Prozent.

Ein weiterer Vorteil von Perowskit-Solarzellen ist ihre Vielseitigkeit. Sie können auf verschiedenen Substraten wie Glas, flexiblem Kunststoff und Metall aufgebracht werden, was eine flexible und leichte Integration in verschiedene Anwendungen ermöglicht. Die Herstellung von Perowskit-Solarzellen kann auch mit kostengünstigen Verfahren wie Drucken oder Beschichten erfolgen, was das Potenzial für eine skalierbare Massenproduktion bietet.

Trotz ihrer vielversprechenden Eigenschaften stehen Perowskit-Solarzellen vor einigen Herausforderungen. Eine wichtige Herausforderung besteht darin, die Langzeitstabilität der Perowskit-Materialien zu verbessern, da sie empfindlich gegenüber Feuchtigkeit, Wärme und Licht sind. Darüber hinaus enthalten einige Perowskit-Materialien Blei, was Bedenken hinsichtlich der Umweltverträglichkeit aufwirft. Daher wird intensiv an der Entwicklung umweltfreundlicherer und stabilerer Perowskit-Materialien geforscht.

Perowskit-Solarzellen sind eine vielversprechende Technologie, die das Potenzial hat, die Solarindustrie zu revolutionieren. Die fortlaufende Forschung und Entwicklung konzentriert sich darauf, die Effizienz zu steigern, die Stabilität zu verbessern und die Herstellungskosten zu senken, um Perowskit-Solarzellen zu einer wettbewerbsfähigen und nachhaltigen Option für die saubere Energieerzeugung aus Sonnenlicht zu machen.

## 3.6. Innovative Ansätze und Technologien in der Forschung

Neben den bereits erwähnten Solarzellentechnologien gibt es eine Vielzahl von innovativen Ansätzen und Technologien, die in der Photovoltaik-Forschung erforscht und entwickelt werden. Hier sind einige weitere Beispiele:

- Mehrfachsolarzellen nutzen Materialkombinationen, die aus mehreren Schichten mit unterschiedlichen Bandlücken bestehen. Dadurch können sie ein breiteres Spektrum des Sonnenlichts einfangen und einen höheren Wirkungsgrad erzielen.

- Tandem-Solarzellen bestehen aus zwei oder mehreren Solarzellen mit unterschiedlichen

Absorptionsbereichen, die übereinander gestapelt sind. Diese Kombination ermöglicht eine effizientere Nutzung des Sonnenlichts und höhere Wirkungsgrade.

- Perowskit-Silizium-Tandem-Solarzellen: Diese Technologie kombiniert die Vorteile von Perowskit-Solarzellen und Silizium-Solarzellen. Perowskit-Materialien absorbieren das sichtbare Lichtspektrum effizient, während Silizium das Infrarotlicht nutzt. Durch die Kombination der beiden Materialien kann ein höherer Wirkungsgrad erzielt werden.

- Quantenpunkt-Solarzellen: Quantenpunkte sind nanoskalige Halbleiterstrukturen, die aufgrund ihrer quantenmechanischen Eigenschaften einstellbare Bandlücken aufweisen können. Diese Eigenschaft ermöglicht die Anpassung der Absorptionswellenlänge an bestimmte Bereiche des Sonnenlichtspektrums, was zu einer effizienteren Nutzung führt.

- Farbstoffsolarzellen nutzen organische Farbstoffe, um Sonnenlicht einzufangen und in elektrischen Strom umzuwandeln. Sie bieten eine kostengünstige und flexible Alternative zu herkömmlichen Solarzellen und können sogar bei schwachem Licht gut funktionieren.

- Thermophotovoltaik: Diese Technologie nutzt die

Wärmestrahlung anstelle von Sonnenlicht, um elektrische Energie zu erzeugen. Dabei wird die Wärme durch spezielle Materialien in Strahlung mit geeigneter Wellenlänge umgewandelt, die von der Thermophotovoltaikzelle absorbiert und in Strom umgewandelt wird.

- Organische Tandem-Solarzellen: Diese Solarzellen verwenden verschiedene organische Materialien mit unterschiedlichen Bandlücken, die in aufeinander abgestimmten Schichten gestapelt sind. Durch die Kombination mehrerer Schichten mit verschiedenen Absorptionsbereichen können sie einen breiteren Teil des Sonnenlichtspektrums abdecken und höhere Wirkungsgrade erzielen.

Die Forschung in der Photovoltaik ist ein aktives und sich ständig weiterentwickelndes Feld. Es werden kontinuierlich neue Ansätze, Materialien und Technologien untersucht, um die Effizienz, die Stabilität und die Wirtschaftlichkeit von Solarzellen weiter zu verbessern. Diese innovativen Ansätze könnten dazu beitragen, die Kosten für Solarenergie zu senken und die Nutzung erneuerbarer Energien weiter voranzutreiben.

# 4. Photovoltaik-Systeme

## 4.1. Aufbau und Funktion von Photovoltaik-Anlagen

Photovoltaik-Anlagen sind Systeme, die Sonnenlicht direkt in elektrische Energie umwandeln. Sie bestehen aus verschiedenen Komponenten, die zusammenarbeiten, um die maximale Energieerzeugung zu ermöglichen. Hier ist ein Überblick über den Aufbau und die Funktion von Photovoltaik-Anlagen:

- Die Kernkomponente einer Photovoltaik-Anlage sind die Photovoltaik-Module. Diese Module bestehen aus Solarzellen, die in Reihe oder parallel geschaltet sind, um eine höhere Spannung und einen höheren Strom zu erzeugen. Die Solarzellen sind in der Regel aus Silizium oder anderen Halbleitermaterialien hergestellt und wandeln das einfallende Sonnenlicht direkt in Gleichstrom um.

- Die Photovoltaik-Module werden auf einem Montagesystem befestigt, das sie sicher und stabil auf Dächern, Freiflächen oder anderen geeigneten Standorten hält. Das Montagesystem kann aus Metallrahmen, Gestellen oder Schienen bestehen und ermöglicht eine optimale Ausrichtung und Neigung der Module, um die Sonneneinstrahlung zu maximieren.

- Der erzeugte Gleichstrom der Photovoltaik-Module wird in Wechselrichtern in Wechselstrom umgewandelt, der für den Haushaltsgebrauch oder die Einspeisung in das öffentliche Stromnetz geeignet ist. Wechselrichter sorgen auch für die Überwachung und Steuerung des Betriebs der Photovoltaik-Anlage. Moderne Wechselrichter bieten auch Funktionen wie Datenüberwachung und Fernsteuerung.

- Die Photovoltaik-Module und der Wechselrichter sind über Verkabelungen miteinander verbunden. Diese Verkabelungen transportieren den erzeugten Strom vom Modul zum Wechselrichter und weiter zum Verbraucher oder zum Stromnetz.

- Schutzeinrichtungen wie Sicherungen, Schutzschalter und Überspannungsschutz- vorrichtungen sorgen für die Sicherheit und den Schutz der Anlage.

## 4.2. Netzeinspeisung und Eigenverbrauch in der Photovoltaik

Photovoltaik-Anlagen können entweder netzgekoppelt oder netzunabhängig (Inselanlagen) betrieben werden.

Bei netzgekoppelten Anlagen wird der erzeugte Strom ins öffentliche Stromnetz eingespeist. Hierfür ist ein Netzanschlusspunkt erforderlich, der die Anlage mit dem Stromnetz verbindet. Ein Zähler erfasst die eingespeiste Energie und ermöglicht die Abrechnung oder Vergütung.

# 4.3. Dimensionierung von PV-Anlagen

## 4.3.1. Auslegung

Die Auslegung einer Photovoltaikanlage ist ein entscheidender Schritt, um sicherzustellen, dass die Anlage optimal funktioniert und die gewünschten Leistungsziele erreicht werden. Hier sind einige wichtige Aspekte, die bei der Auslegung von Photovoltaikanlagen berücksichtigt werden:

- Eine gründliche Standortanalyse ist entscheidend, um das Potenzial der Sonneneinstrahlung am Standort zu bewerten. Dies beinhaltet die Berücksichtigung von Faktoren wie der geografischen Lage, dem Klima, der Verschattung durch umliegende Gebäude oder Bäume sowie der Ausrichtung und Neigung der PV-Module.

- Die gewünschte Leistung der PV-Anlage sollte festgelegt werden, basierend auf dem erwarteten

Stromverbrauch oder der Einspeisevergütung. Dies umfasst die Bestimmung der installierten Leistung (Kilowatt peak, kWp) und der erwarteten jährlichen Stromerzeugung (Kilowattstunden, kWh).

- Die Auswahl der geeigneten PV-Module basiert auf verschiedenen Faktoren wie Effizienz, Kosten, Platzbedarf und ästhetischen Anforderungen. Es gibt verschiedene Arten von Modulen wie monokristalline, polykristalline und Dünnschichtmodule, die jeweils ihre Vor- und Nachteile haben.

- Die Montagestruktur umfasst die Halterungen und Gestelle, auf denen die PV-Module montiert werden. Die Auswahl der richtigen Montagestruktur hängt von der Art des Daches oder der Montagefläche ab und muss die erforderliche Neigung und Ausrichtung der Module ermöglichen.

- Der Wechselrichter wandelt den von den PV-Modulen erzeugten Gleichstrom in Wechselstrom um. Die Auswahl des richtigen Wechselrichters basiert auf Faktoren wie der maximalen DC-Leistung der PV-Anlage, der Effizienz des Wechselrichters und den spezifischen Anforderungen des Netzbetreibers.

- Die Verkabelung der PV-Anlage muss den Strom sicher und effizient vom Modul zum Wechselrichter und weiter zum Stromnetz oder Verbraucher transportieren.

- Schutzvorrichtungen wie Schutzschalter, Sicherungen und Überspannungsschutz-vorrichtungen sollten entsprechend den örtlichen Vorschriften installiert werden.

- Bei netzgekoppelten PV-Anlagen muss die Anlage ordnungsgemäß an das öffentliche Stromnetz angeschlossen werden. Dies erfordert die Einhaltung der Anforderungen und Vorschriften des Netzbetreibers, einschließlich der erforderlichen Netzkupplungseinrichtungen und des Stromzählers.

- Die Auslegung der PV-Anlage sollte auch Aspekte wie Wartungszugang und Überwachung berücksichtigen. Eine regelmäßige Wartung und Überwachung der Anlage ist wichtig, um die maximale Leistung und Effizienz über die Lebensdauer der Anlage aufrechtzuerhalten.

## 4.3.2. Leistungsbedarf

Der Leistungsbedarf einer Photovoltaikanlage bezieht sich auf die Menge an elektrischer Energie, die die Anlage erzeugen muss, um den Strombedarf eines bestimmten Verbrauchers oder einer Anlage zu decken. Die Bestimmung des Leistungsbedarfs ist ein wesentlicher Schritt bei der Planung und Auslegung einer PV-Anlage. Hier sind einige wichtige Aspekte, die dabei berücksichtigt werden:

- Eine genaue Analyse des Stromverbrauchs ist entscheidend, um den Leistungsbedarf zu bestimmen. Dies beinhaltet die Erfassung und Auswertung des Stromverbrauchs über einen bestimmten Zeitraum. Der Verbrauch kann sich auf Haushalte, Gewerbebetriebe, Industrieanlagen oder andere Anwendungen beziehen.

- Lastprofile geben an, wie der Stromverbrauch über den Tag verteilt ist. Es ist wichtig, die Spitzenlastzeiten und die durchschnittlichen Verbrauchszeiten zu identifizieren. Dies ermöglicht eine genauere Bestimmung des Leistungsbedarfs und hilft bei der Dimensionierung der PV-Anlage.

- Berücksichtigung von Einspeisevergütung oder Eigenverbrauch: Bei netzgekoppelten PV-Anlagen kann der erzeugte Strom entweder ins öffentliche Stromnetz eingespeist oder vor Ort selbst verbraucht werden. Die Wahl zwischen Einspeisung und Eigenverbrauch hat Auswirkungen auf den Leistungsbedarf der PV-Anlage. Bei Einspeisung ist die maximale installierte Leistung entscheidend, während beim Eigenverbrauch der Stromverbrauch des Verbrauchers die Grundlage bildet.

- Die Verwendung von Batteriespeichern in Verbindung mit einer PV-Anlage ermöglicht die Speicherung überschüssiger Energie für den späteren Verbrauch. Der Leistungsbedarf kann durch den Einsatz von Speichern optimiert werden, um den Eigenverbrauch zu maximieren und die Notwendigkeit einer Spitzenleistung aus dem Stromnetz zu reduzieren.

- Es ist wichtig, bei der Bestimmung des Leistungsbedarfs auch zukünftige Anforderungen und mögliche Erweiterungen zu berücksichtigen. Beispielsweise kann sich der Stromverbrauch im Laufe der Zeit aufgrund von Veränderungen in den Lebensgewohnheiten, der technologischen Entwicklung oder der Unternehmensausweitung ändern.

Die genaue Bestimmung des Leistungsbedarfs ist entscheidend, um die PV-Anlage entsprechend zu dimensionieren. Es ist ratsam, bei der Planung einer PV-Anlage die Unterstützung eines Fachmanns oder eines PV-Installateurs in Anspruch zu nehmen, um sicherzustellen, dass der Leistungsbedarf korrekt ermittelt und die Anlage entsprechend ausgelegt wird. Eine sorgfältige Analyse des Stromverbrauchs und der Lastprofile ermöglicht es, eine effiziente und wirtschaftliche PV-Anlage zu realisieren, die den Bedarf des Verbrauchers optimal deckt.

### 4.3.3. Flächenanforderungen

Die Flächenanforderungen für Photovoltaikanlagen können je nach installierter Leistung, Art der Anlage und Standort variieren. Hier sind einige wichtige Faktoren, die die Flächenanforderungen beeinflussen:

- Die installierte Leistung einer PV-Anlage gibt an, wie viel elektrische Leistung die Anlage erzeugen kann. In der Regel wird die installierte Leistung in Kilowatt peak (kWp) gemessen. Je höher die installierte Leistung ist, desto mehr Fläche wird für die PV-Module benötigt.

- Die Auswahl des Modultyps und der Effizienz der PV-Module kann die Flächenanforderungen beeinflussen. Hoch effiziente Module benötigen im Allgemeinen weniger Fläche, um die gleiche installierte Leistung zu erreichen, im Vergleich zu weniger effizienten Modulen.

- Das Montagesystem, das verwendet wird, um die PV-Module zu installieren, kann ebenfalls die Flächenanforderungen beeinflussen. Es gibt verschiedene Arten von Montagesystemen, einschließlich Dachmontage, Freilandmontage und Fassadenmontage. Jedes System hat unterschiedliche Platzanforderungen und kann sich auf die verfügbare Fläche auswirken.

- Verschattung kann einen erheblichen Einfluss auf die Effizienz einer PV-Anlage haben. Daher ist es wichtig, die Anlage so zu platzieren, dass sie von Schattenquellen wie Gebäuden, Bäumen oder anderen Hindernissen möglichst wenig beeinträchtigt wird. Die Minimierung der Verschattung kann zusätzliche Fläche erfordern, um die optimale Leistung der Anlage sicherzustellen.

- Bei PV-Anlagen, die in die Gebäudehülle integriert sind, wie beispielsweise Dachziegel oder Fassadenelemente, fallen die zusätzlichen Flächenanforderungen möglicherweise geringer aus, da die PV-Module die Funktionen des Gebäudes übernehmen.

Es ist wichtig anzumerken, dass die Flächenanforderungen für Photovoltaikanlagen stark variieren können. Es gibt keine spezifische Standardgröße für eine PV-Anlage, da sie von den individuellen Anforderungen, dem verfügbaren Platz und den technischen Gegebenheiten abhängt. Bei der Planung einer PV-Anlage ist es ratsam, die spezifischen Flächenanforderungen mit einem Fachmann oder einem PV-Installateur zu besprechen, um sicherzustellen, dass die Anlage ordnungsgemäß ausgelegt und installiert wird.

### 4.3.4. Netzausbaukosten

Investitionen in das eigene Unternehmen werden in einigen Fällen durch die Übertragungsfähigkeit des Stromnetzes begrenzt. Um neue oder größere elektrische Verbraucher anschließen zu können, muss ein kostenintensiver Ausbau der Netzkapazität beantragt werden, dessen Realisierung viele Monate in Anspruch nimmt. Die Kosten für den Netzausbau trägt zum Großteil der Verbraucher, obwohl das Netz und damit der Mehrwert im Besitz des Netzbetreibers sind.

*Folgende Nachteile ergeben sich ohne Speicher:*

- Ein kostenintensiver und langwieriger Ausbau der Netzkapazität muss beantragt werden

- Die Investition ist nicht nachhaltig. Sollen in der Zukunft weitere Verbraucher versorgt werden, muss erneut Kapazität ausgebaut werden

- Der höhere Leistungsbezug wird auch nach dem Netzausbau erhöhte Strombezugs-kosten verursachen.

Mit einem Batteriespeicher kann das Netz gezielt zu Zeiten mit starkem Verbrauch unterstützen und so eine Ertüchtigung des Übertragungsnetzes überflüssig machen.

*Folgende Vorteile ergeben sich mit Speicher:*

- Keine Erhöhung der Netzentgelte durch gestiegenen Leistungsbezug"

- Die Investition in einen Batteriespeicher schafft einen Mehrwert für Ihren Betrieb

- Eine spätere Erweiterung der Speicherkapazität ist flexibel und kostengünstig möglich, somit steht ambitionierten Wachstumsplänen nichts mehr im Weg

*Welche Unternehmen sind besonders gut geeignet?*

- Umstellung auf Elektromobilität

- Ausbau der E-Fahrzeugflotte

- Expansionspläne

- Umzug

- Erweiterung des Maschinenparks

- Sonstige Verbrauchssteigerungen

- Installation einer neuen oder größeren PV-Anlage (Vermeidung von Einspeisespitzen)

Somit können potenziell alle Gewerbebetriebe Netzausbaukosten mithilfe eines Batteriespeichers vermeiden.

## 4.3.5. Notstromversorung

Grundsätzlich sollten Unternehmen in eine Notstromversorgung investieren, bei denen einer oder mehrere der folgenden Faktoren von elektrischen Verbrauchern abhängen:

- Sicherheit (z. B. Brandmeldeanlage oder Sicherheitsbeleuchtung)

- Datensicherung

- Waren- oder Viehbestände (z. B. Lüftung in Ställen oder Lagern)

- Tagesgeschäft (z. B. Computer, Telefon-anlage)

- Wohlbefinden von Kunden und Mitarbeitern (z. B. Licht)

Hier einige Beispiele die besonders gut geeignet sind:

- Kühl- und Kaufhäuser

- Bürogebäude

- Landwirtschaft

- Arztpraxen

- IT-Unternehmen

- Dienstleistung

- Industrie und Produktion

Bei weiteren Unternehmen kann es ebenfalls sinnvoll sein eine Notstromversorgung zu installieren, durch eine individuelle Beratung durch einen Fachmann kann dieses ermittelt werden.

## 4.4. Monitoring und Wartung von PV-Systemen

Moderne Photovoltaik-Anlagen verfügen über Überwachungs- und Steuerungssysteme, die den Betrieb der Anlage überwachen, die Leistung überwachen und Fehler erkennen können. Diese Systeme liefern wichtige Daten wie Stromerzeugung, Systemeffizienz und können den Betreiber benachrichtigen, wenn Wartungsarbeiten erforderlich sind.

## 4.5. Mix aus Einspeisung und Eigenverbrauch

Man speist nicht voll ein, sondern verbraucht den Solarstrom teilweise selbst. Was die Anlageneigentümer nicht selbst nutzen können, wird dem Netzbetreiber oder Direktvermarktern zur Verfügung gestellt.

Direktvermarkter können Firmen sein, inzwischen steigen aber auch immer mehr Stadtwerke in den Markt ein. Der Vorteil des Kombi-Modells ist, dass es den lukrativen Eigenverbrauch ermöglicht.

Um die Anlage auf Eigenverbrauch um zustellen, ist ein Umbau am Zählerschrank notwendig. *„Danach lassen sich rund 30 Prozent des erzeugten Stroms für den täglichen Bedarf im Wohnhaus nutzen"*, sagt Thomas Bürkle, Präsident des Fachverbands Elektro- und Informationstechnik Baden-Württemberg. *„Auf rund die Hälfte erhöhen können Hauseigentümer den Anteil, indem sie Elektrogeräte wie Geschirrspüler oder Waschmaschine während der sonnigen Stunden laufen lassen."*

Besonders einfach ist die Erhöhung des Eigenverbrauchs, wenn ein Elektroauto mit Solarstrom geladen wird. Je mehr elektrische Geräte mit Solarstrom betrieben werden, desto besser für den Eigenverbrauch und die Umwelt, jedoch erfordert dieses ein Lastmanagement.

Stattet ein Eigentümer seine 20 Jahre alte Photovoltaikanlage mit einem passenden Speicher (Batterie) aus, erhöht sich der Eigenverbrauch auf bis zu 70 Prozent. Nutzen Hauseigentümer statt Netzstrom zehn Jahre lang den Solarstrom aus einem Speicher, können sie in diesem Zeitraum mit jeder Kilowattstunde Speicherkapazität rund 600 Euro sparen. Seit 2021 existieren auf dem Markt bereits Speicher, die samt Leistungselektronik, Installation und Mehrwertsteuer rund 1.000 Euro pro Kilowatt-stunde kosten. Die Kosten können sich im Laufe der Jahre verändern.

Ein Weiterbetrieb der über 20 Jahre alten Photovoltaikanlagen mit Einspeisung und Eigenverbrauch lohnt sich unter anderem laut einem aktuellen Gutachten der Deutschen Gesellschaft für Sonnenenergie (DGS) ab einer installierten Leistung von fünf Kilowatt und einem 30-Prozent-Eigenverbrauchsanteil. Unter der Voraussetzung das die Anlage erzeugt nach dem Ende der Einspeisevergütung mindestens noch mindestens 10 Jahre Solarstrom erzeugt. Das ist durchaus realistisch, denn Solarmodule haben meist eine Lebensdauer von mehr als 30 Jahre. Läuft die Solaranlage länger als zehn Jahre weiter, steigt die Stromkosteneinsparung entsprechend. Die Kosten für den Umbau des Zählerschranks sind in der Rechnung enthalten, auch laufende Wartungen und Reparaturen. Auch der Weiterbetrieb von Anlagen kleiner als fünf Kilowatt kann dadurch wirtschaftlich werden. Jedoch ist Volleinspeisung beim Netzbetreiber aus wirtschaftlichen Gründen sinnvoller.

Auch können Eigentümer so viel Solarstrom wie möglich selbst zu nutzen und den Rest ab regeln. Moderne Wechselrichter sind dazu in der Lage. Die Anlage erzeugt dann nur so viel Strom, wie für den Eigenverbrauch im Haus nötig ist, es wird keine einzige

Kilowattstunde ins öffentliche Netz eingespeist. Dabei wird so doch rund 70% weniger Solarstrom erzeugt, als eigentlich möglich wäre. Dieses ist die wirtschaftlichste Variante, jedoch ökologisch nicht sinnvoll.

Eine weitere Möglichkeit ist, die alte Anlage wird durch eine neue ersetzt. Neue Anlagen liefern auf gleicher Fläche im Vergleich zu den Anlagen vor 20 Jahren rund doppelt so viel Solarstrom und kosten nur noch einen Bruchteil der alten Anlage. Dieses ist gut für den Geldbeutel und nützt der Umwelt.

## 4.6. Spitzenlastkappung

Reduzieren Sie Ihre Lastspitzen über einen elektrischen Speicher und optimieren Sie Ihren Stromtarif. Die Stromrechnung ist ein unterschätzter Kostenfaktor in vielen Unternehmen. Doch hier bietet sich auch ein ungeahntes Einsparpotenzial. Denn unabhängig vom jährlichen Stromverbrauch hat der maximale Leistungsbezug großen Einfluss auf die Höhe der Stromkosten.

Die Stromabrechnung besteht aus mehreren Bausteinen:

- Fixer Anschlusspreis: Nicht beeinflussbar.

- Arbeitspreis: Preis pro verbrauchter kWh, proportional zum gesamten Stromverbrauch im Abrechnungszeitraum

- Leistungspreis: Preis pro kW, proportional zum höchsten Leistungsbezug im Abrechnungszeitraum, unabhängig davon, wie lange diese Leistung bezogen wurde.

Leistungspreis für Ihre Lastspitzen, die rote Linie im folgenden Diagramm

**Lastprofil ohne Speicher**

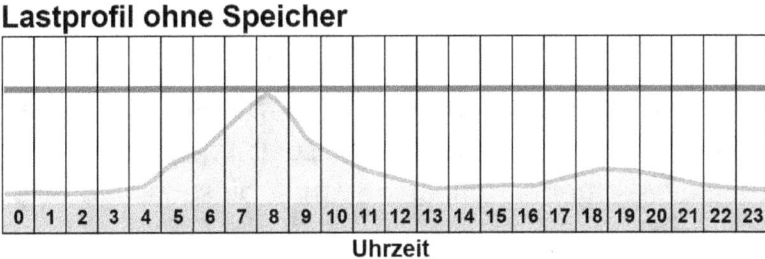

Uhrzeit

Egal wie sparsam Ihr Betrieb ist, Sie zahlen im kompletten Abrechnungszeitraum den höchsten Preis. Mit einem Batteriespeicher werden bereits in vielen Unternehmen genutzt, um gezielt in Zeiten mit hoher Last den Leistungsbezug aus dem Netz zu begrenzen und so die Stromrechnung für den gesamten Abrechnungs-zeitraum zu minimieren.

## Lastprofil mit Speicher

Mit einem Speicher können sie ihren höchsten Leistungsbezug reduzieren, indem sie einem Bestimmten Anteil aus dem Speicher entnehmen und den Speicher in Schwachlastzeiten wieder aufladen. Dabei müssen sie ihr Verbrauchsverhalten nicht ändern.

Welche Unternehmen/private Haushalte ist ein Speicher vorteilhaft?

Unternehmen mit einem jährlichen Stromverbrauch ab 100 MWh oder mit vorliegender Zustimmung durch den Energieversorger können von diesen Vorteilen profitieren.

Folgende Faktoren sollten in ein Unternehmen für die Spitzenlastkappung vorhanden sein:

- Kurze und/oder hohe Lastspitzen z. B. durch: Gleichzeitiges Einschalten mehrerer Verbraucher

- Geringer Verbrauch zu Hochlastzeiten (z. B. zwischen 17:00 Uhr und 20:15 Uhr)

- Große Maschinen (z. B. Pumpen, Fahrstühle) Lastschwankungen z. B. Durch Anschluss von Elektrofahrzeugen oder periodische Abläufe.

***Für folgende Gewerbe sind gut geeignet:***

- Handwerk

- Landwirtschaft

- Logistik

- Industrie und Produktion

- Alle Unternehmen mit Ladeinfrastruktur für Elektrofahrzeuge

- Aber auch private Haushalte mit Ladeinfrastruktur für Elektrofahrzeuge.

Für weitere Betriebe ist eine individuelle Prüfung sinnvoll durch einen Fachmann.

Noch schneller rechnet sich ein Stromspeicher durch eine Mehrfachnutzung, z. B. zur Optimierung des Eigenverbrauchsanteils von selbsterzeugtem Solarstrom und/oder als Notstromversorgung.

# 4.7. Lastmanagement

## 4.7.1. Priv. Haushalte

Mit einem intelligenten Lastmanagement lässt sich die Nutzung des selbst erzeugten Solarstroms optimieren, die Energiekosten senken und Ihre Eigenkapitalrendite steigern.

Der wirtschaftliche Erfolg einer Solarstromanlage hängt maßgeblich von dem Anteil des Stroms ab, der im Moment der Erzeugung unmittelbar selbst verbraucht wird. Je höher diese sogenannte Eigenverbrauchsquote ausfällt, desto weniger Strom muss zusätzlich eingekauft werden. Insbesondere Verbraucher, die nicht an bestimmte Betriebszeiten gebunden sind, lassen sich so äußerst rentabel direkt mit Solarstrom betreiben.

Durch den Einsatz intelligenter Steuergeräte, die Stromerzeugung und -verbrauch kontinuierlich über-wachen, lässt sich der Verbrauch von elektrischen Geräten in die Sonnenstunden verschieben und sowohl Eigenverbrauchsanteil als auch Autarkiegrad erhöhen.

Moderne Wechselrichter stellen die erzeugte Energie dann entsprechend Verbrauchern aktiv zur Verfügung.

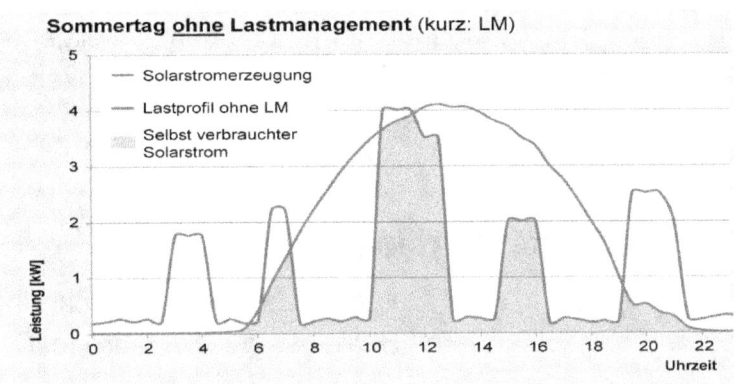

**Sommertag <u>ohne</u> Lastmanagement** (kurz: LM)

— Solarstromerzeugung
— Lastprofil ohne LM
Selbst verbrauchter Solarstrom

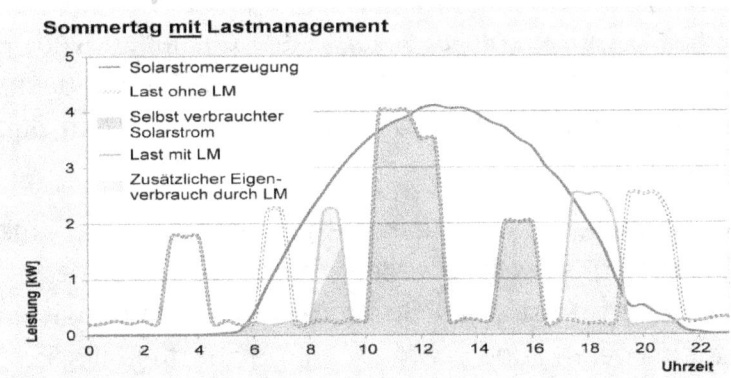

**Sommertag <u>mit</u> Lastmanagement**

— Solarstromerzeugung
Last ohne LM
Selbst verbrauchter Solarstrom
— Last mit LM
Zusätzlicher Eigen-verbrauch durch LM

Solarstrom ist vielfältig nutzbar. In einem „Smart Home" lassen sich alle Stromerzeuger und -verbraucher intelligent miteinander verbinden und sorgt beim Strom für eine größtmögliche Unabhängigkeit.

Heizen, Kühlen, der Betrieb von Kraftfahrzeugen: Die vielfältigen Möglichkeiten zur Nutzung von Solarstrom in

Verbindung mit Stromspeicher und einem intelligentem Lastmanagement sorgen für mehr Unabhängigkeit bei der Energieversorgung.

## 4.7.2. Gewerbe Betriebe

Investieren Sie in eine Solarstromanlage und schreiben Sie die Stromkosten Ihres Betriebs über 20 Jahre fest.

Der Preis für die Erzeugung von Solarstrom ist in den vergangenen Jahren drastisch gesunken, während sich die Kosten für Strom aus dem Netz gestiegen sind. Für immer mehr Gewerbebetriebe ist es deshalb wirtschaftlich sinnvoll, sich mit selbst produziertem Strom zu versorgen.

Die eigene Photovoltaikanlage erhalten sie mehr Unabhängigkeit. Sie erhalten Strom für mindestens 20 Jahre zum Festpreis. So senken Sie dauerhaft Ihre Betriebskosten und sorgen für eine zukunftssichere Energieversorgung. Je mehr Sie von Ihrem selbst erzeugten Strom verbrauchen, desto mehr Kosten sparen Sie ein.

Je mehr Strom am Tag verbraucht wird, desto höher ist der Eigenverbrauchsanteil der Solarstromanlage. Stromverbrauch, Lastprofil (zeitliche Verteilung Ihres Strombedarfs) und die Größe der Photovoltaikanlage sollten gut aufeinander abgestimmt sein. So hat ein Supermarkt mit auch am Wochenende laufenden

Kühlaggregaten ein anderes Lastprofil als ein Bürogebäude mit reiner Werktagsarbeit.

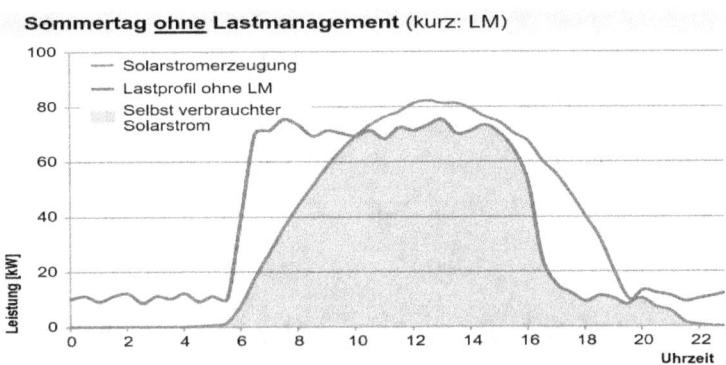

**Sommertag ohne Lastmanagement (kurz: LM)**

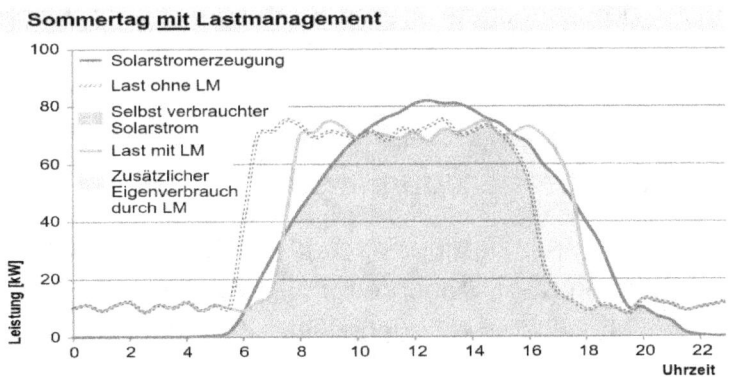

**Sommertag mit Lastmanagement**

Gleichzeitig wird der ungenutzte Reststrom zu einer über 20 Jahre gesetzlich garantierten Vergütung in das öffentliche Stromnetz eingespeist. Somit profitieren Sie von jeder selbst erzeugten Kilowattstunde.

## Ideale Voraussetzungen

Große Dachflächen und ein starker Netzanschluss bedeutet niedrige spezifische Investitionskosten

Hoher Stromverbrauch am Tag bedeutet hohe Eigenverbrauchsquote

Hohes Einsparpotential bedeutet Preisdifferenz zwischen Solarstrom und Bezugsstrom

## Hohe Komponentenqualität entscheidend

Durch qualitativ hochwertigen Systemkomponenten wird der zuverlässige Betrieb Ihrer Solarstromanlage über die Laufzeit gewährleistet. Sparen Sie also nicht am falschen Ende.

## Attraktive Steueroptimierung nutzen

Günstige Finanzierungs- und Steueroptimierungs-möglichkeiten (z. B. Abschreibungsmodelle) machen eine solche Investition zusätzlich attraktiv. Welche Möglichkeiten im Einzelfall bestehen, sollte mit einem Steuerberater besprochen werden.

Gesetzlich gesicherte Rahmenbedingungen, ausgereifte Technik sowie ein versierter Montagepartner sorgen für höchste Prognosesicherheit.

## *Supermärkte: Große Dachflächen*

Sie bieten aufgrund Innenbeleuchtung und Kühlgeräten, die auch am Wochenende laufen.

Eingesparter Bezugsstrompreis: 17 Cent/ kWh (zzgl. MwSt.)

Anlagengröße: 60 kWp

Spez. Anlagenpreis: 980 €/kWp (zzgl. MwSt.)

Solarstromproduktion pro Jahr: ca. 52.800 kWh

Eigenverbrauchsquote: ca. 38 %

Gewinn aus Eigenkapital nach 20 Jahren: ca. 68.370 €

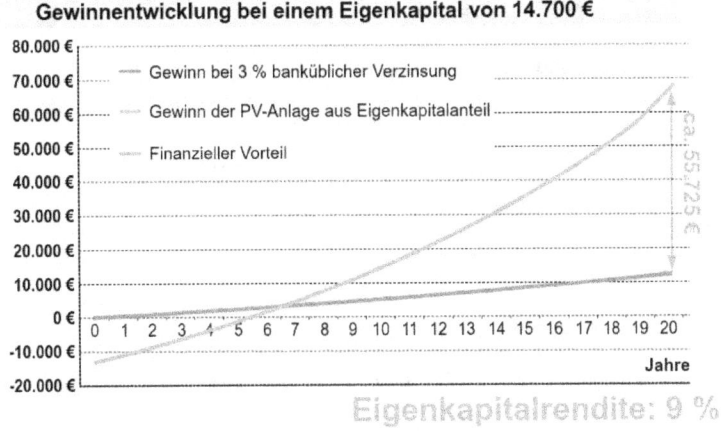

Gewinnentwicklung bei einem Eigenkapital von 14.700 €

# Bürogebäude: Hohes Einsparpotential

Bürogebäude stehen aufgrund der großen Preisdifferenz zwischen Solarstrom und Bezugsstrom im Fokus.

Eingesparter Bezugsstrompreis: 19 Cent/ kWh (zzgl. MwSt.)

Anlagengröße: 30 kWp

Spez. Anlagenpreis: 1.000 €/kWp (zzgl. MwSt.)

Solarstromproduktion pro Jahr: ca. 26.400 kWh

Eigenverbrauchsquote: ca. 29 %

Gewinn aus Eigenkapital nach 20 Jahren: ca. 34.850 €

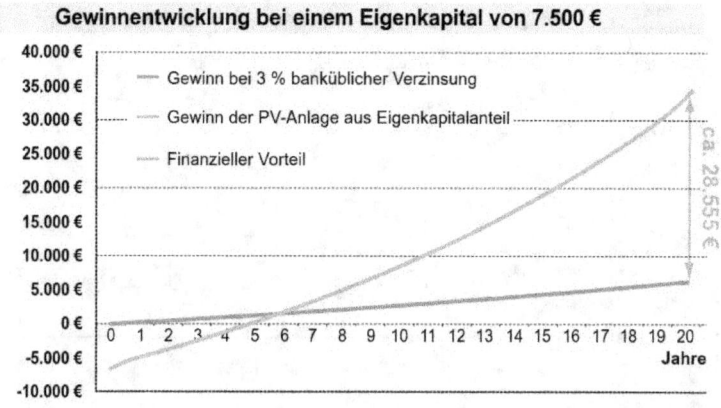

Eigenkapitalrendite: 9 %

**Gewerbebetriebe:** **Brauhäuser,** **Molkereien, Tischlereien und Schlossereien.**

Eingesparter Bezugsstrompreis: 18 Cent/ kWh (zzgl. MwSt.)

Anlagengröße: 15 kWp

Spez. Anlagenpreis: 1.050 € /kWp (zzgl. MwSt.)

Solarstromproduktion pro Jahr: ca. 13.200 kWh

Eigenverbrauchsquote: ca. 37 %

Gewinn aus Eigenkapital nach 20 Jahren: ca. 18.300 €

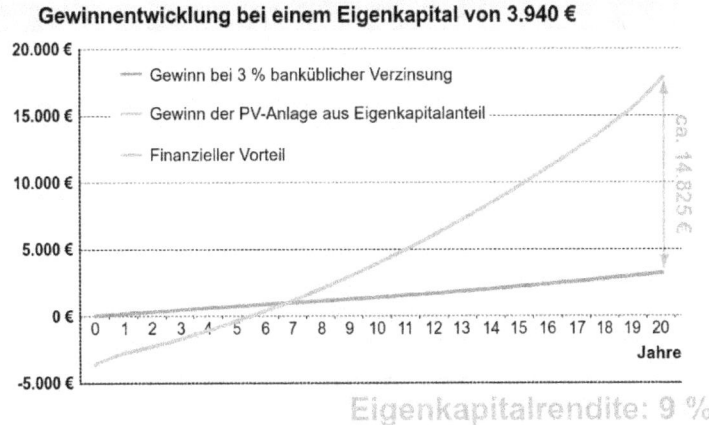

Gewinnentwicklung bei einem Eigenkapital von 3.940 €

# Optimierung der Eigenverbrauchsquote

Die Eigenverbrauchsquote lässt sich oft mit geringem technischen Aufwand erhöhen. Die Eigenkapitalrenditen von 9% lassen sich auf 11 % steigern, wenn man die Eigenverbrauchsquote wie folgt erhöht:

Supermarkt (60 kWp): 61 %

Bürogebäude (30 kWp): 49 %

Handwerksbetrieb (15 kWp): 60 %

## 4.8. Inselsystem

Die Photovoltaik hat sich in den letzten Jahren zu einer wichtigen Quelle erneuerbarer Energie entwickelt. Eine spannende Möglichkeit, die die Photovoltaik bietet, ist der netzunabhängige Betrieb, auch als Inselbetrieb bezeichnet. Inselbetrieb bedeutet, dass die Photovoltaikanlage unabhängig vom Stromnetz arbeitet und somit eine autonome Energieversorgung ermöglicht. Dieser Modus eröffnet zahlreiche Vorteile und Anwendungsmöglichkeiten in abgelegenen Gebieten, bei Outdoor-Aktivitäten, Notfallsituationen oder auch auf Fahrzeugen wie Wohnmobilen oder Booten.

Der Schlüssel zum netzunabhängigen Betrieb einer Photovoltaikanlage liegt in der Verwendung von Batteriespeichern. Die Solarzellen der Anlage erzeugen tagsüber Strom aus Sonnenlicht, der direkt zur Versorgung der elektrischen Lasten genutzt wird und überschüssige Energie in den Batteriespeicher einspeist. Sobald die Sonne nicht mehr scheint, beispielsweise in der Nacht oder an bewölkten Tagen, können die gespeicherten Energieressourcen aus den Batterien abgerufen werden, um den Strombedarf zu decken. Dadurch wird eine kontinuierliche Stromversorgung gewährleistet, auch wenn keine direkte Sonneneinstrahlung vorhanden ist.

Der Inselbetrieb einer Photovoltaikanlage bietet eine Vielzahl von Vorteilen. Ein wesentlicher Aspekt ist die Unabhängigkeit von öffentlichen Stromnetzen. Insbesondere in entlegenen Gebieten, in denen keine Infrastruktur für den Anschluss an das Stromnetz vorhanden ist, ermöglicht die netzunabhängige Photovoltaik die Versorgung mit elektrischer Energie. Dies kann für abgelegene Häuser, Hütten, landwirtschaftliche Betriebe oder Forschungsstationen von großer Bedeutung sein.

Darüber hinaus ist der Inselbetrieb auch in Notfallsituationen von unschätzbarem Wert. Bei Naturkatastrophen oder Stromausfällen kann eine Photovoltaikanlage im Inselbetrieb lebensrettend sein. Sie stellt eine zuverlässige Energiequelle dar und ermöglicht die Versorgung mit Strom für wichtige Geräte wie Kommunikationssysteme, Beleuchtung, medizinische Geräte oder Kühlsysteme für die Lagerung von Lebensmitteln und Medikamenten.

Auch im Freizeitbereich erfreut sich der netzunabhängige Betrieb einer Photovoltaikanlage großer Beliebtheit. Campingplätze, Wohnmobile und Boote können ihre elektrischen Bedürfnisse mit Hilfe von Solaranlagen und Batteriespeichern abdecken und somit unabhängig von externen Stromquellen agieren. Diese Flexibilität ermöglicht es, die Natur zu genießen, ohne auf Komfort und Bequemlichkeit verzichten zu müssen.

Die Technologie und Effizienz von Batteriespeichern für den Inselbetrieb von Photovoltaikanlagen haben sich in den letzten Jahren erheblich verbessert. Moderne Batteriesysteme bieten eine hohe Kapazität, lange Lebensdauer und optimierte Energieumwandlung. Dies ermöglicht eine zuverlässige und nachhaltige Stromversorgung im Inselbetrieb.

Die netzunabhängige Photovoltaik ist eine zukunftsfähige Lösung, um nachhaltige Energieversorgung und Autonomie zu gewährleisten. Sie bietet die Möglichkeit, unabhängig von öffentlichen Stromnetzen zu agieren und auf erneuerbare Energiequellen zu setzen. Ob in entlegenen Gebieten, in Notfallsituationen oder im Freizeitbereich - der Inselbetrieb einer Photovoltaikanlage eröffnet neue Perspektiven für eine zuverlässige und nachhaltige Stromversorgung.

## 4.9. Power-to-Heat

Ein Power-to-Heat Systems ist vielfältig einsetzbar. Für Privathaushalten ist es optimal zur Trinkwassererwärmung im Sommer und teilweise zur Heizungsunterstützung im Winter.

Landwirtschaftliche Betriebe, die häufig über besonders große Photovoltaikanlagen verfügen und auch im Winter oder bei schlechter Witterung verwertbare Strommengen liefern, profitieren von der Bereitstellung von Prozesswärme aber auch von Heizungsunterstützung durch „Smart Energy".

Im Gewerbebereich kann das intelligente Heiz-system die häufig geringen Bedarfsmengen an erwärmtem Trinkwasser gut decken, da hier oft größere Dachflächen mit Photovoltaik-Anlagen belegt sind und eine entsprechend hohe elektrische Leistung zur Verfügung steht.

Außerdem können auch intelligente Nahwärmenetze zur Unterstützung der vorhandenen Energieerzeuger mit „Smart Energy" ausgestattet werden, um ihre Effizienz noch weiter zu steigern.

# 5. Integration von Photovoltaik

## 5.1. Photovoltaik in der Architektur

Photovoltaik (PV) hat in den letzten Jahren zunehmend an Bedeutung in der Architektur gewonnen. Die Integration von PV-Systemen in Gebäudestrukturen eröffnet vielfältige Möglichkeiten, erneuerbare Energie zu erzeugen und gleichzeitig ästhetisch ansprechende und nachhaltige Gebäude zu schaffen. Hier sind drei wichtige Aspekte der Photovoltaik in der Architektur:

- Gebäudeintegrierte PV-Systeme, auch bekannt als Building-Integrated Photovoltaics (BIPV), werden entweder in die Gebäudehülle oder in die Struktur selbst integriert. Anstelle von herkömmlichen Solarmodulen, die auf dem Dach oder an der Fassade angebracht werden, werden die PV-Elemente nahtlos in die Architektur eingefügt. Dies ermöglicht eine ästhetisch ansprechende Integration von PV-Modulen in das Gesamtdesign des Gebäudes. Beispiele für gebäudeintegrierte PV-Systeme umfassen PV-Dachziegel, transparente PV-Fenster oder PV-Elemente, die als Teil der Fassade dienen. Diese Systeme bieten nicht nur die Möglichkeit, erneuerbare Energie zu erzeugen, sondern dienen auch als architektonisches Gestaltungselement.

- Solarfassaden nutzen PV-Module, um die äußere Gebäudehülle zu bedecken. Dabei dienen die PV-Module nicht nur zur Energieerzeugung, sondern auch als Wärme- und Sonnenschutz sowie zur Verbesserung der Gebäudeeffizienz. Die PV-Module können entweder in vertikaler oder horizontaler Ausrichtung angebracht werden, um die besten Sonnenlichtbedingungen zu nutzen. Solarfassaden können in verschiedenen Formen und Mustern gestaltet werden, um die visuelle Attraktivität des Gebäudes zu steigern. Sie bieten zudem den Vorteil der Selbstversorgung des Gebäudes mit sauberer Energie und können einen Beitrag zur Reduzierung des Energieverbrauchs und der $CO_2$-Emissionen leisten.

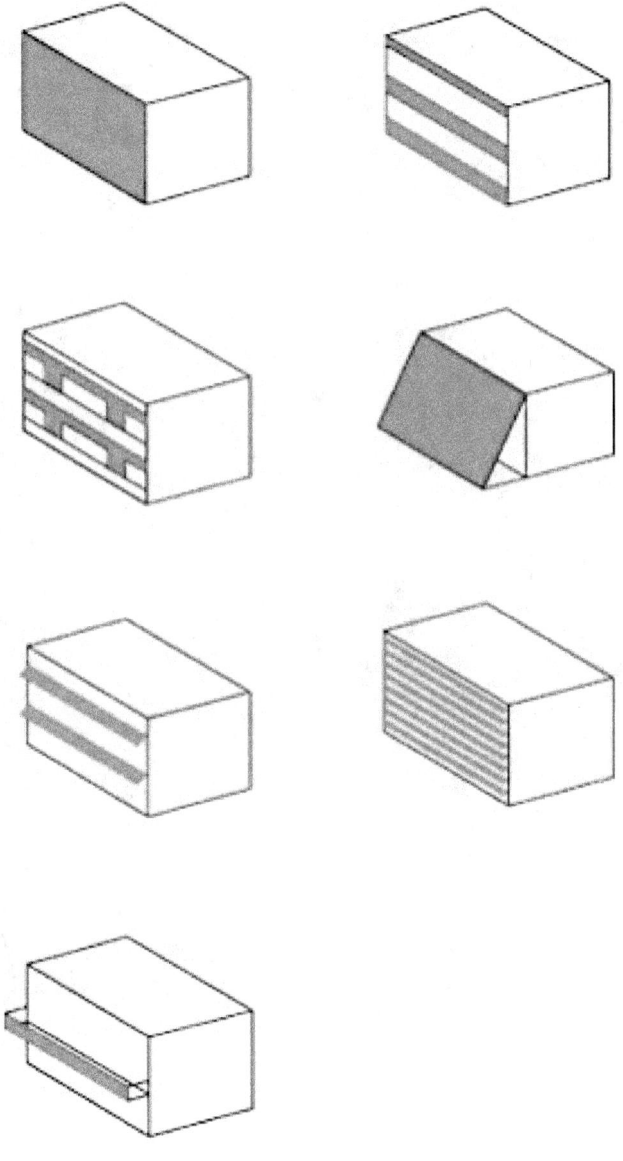

Seite 77

Seite 78

- Solardächer sind wahrscheinlich die bekannteste Form der PV-Integration in der Architektur. Hier werden PV-Module auf dem Dach des Gebäudes angebracht, um Sonnenlicht in Strom umzuwandeln. Solardächer können auf verschiedenen Gebäudearten, von Wohnhäusern bis hin zu großen Industriekomplexen, installiert werden. Sie bieten die Möglichkeit, ungenutzte Dachflächen effizient zu nutzen und gleichzeitig erneuerbare Energie zu erzeugen. Solardächer können sowohl auf geneigten Dächern als auch auf Flachdächern installiert werden und tragen zur nachhaltigen Energieversorgung des Gebäudes bei.

Die Integration von Photovoltaik (PV)-Systemen in die Architektur bietet eine Vielzahl von Vorteilen, sowohl aus ökologischer als auch aus ästhetischer Sicht. Hier sind einige der wichtigsten Vorteile:

- Die Integration von PV-Systemen ermöglicht die Erzeugung von sauberer und erneuerbarer Energie aus Sonnenlicht. Dies reduziert die Abhängigkeit von fossilen Brennstoffen und trägt zur Verringerung der Treibhausgasemissionen und des Kohlenstoff-Fußabdrucks bei. Gebäude können somit ihren eigenen Strombedarf decken oder sogar Überschüsse in das öffentliche Netz einspeisen.

- Die Nutzung von Sonnenenergie zur Stromerzeugung kann die Energiekosten eines Gebäudes erheblich senken. PV-Systeme produzieren elektrischen Strom, der zur Versorgung des Gebäudes genutzt werden kann. Dadurch verringert sich die Abhängigkeit von externen Energieversorgern und die Stromrechnungen können reduziert werden.

- Die Integration von PV-Systemen in die Architektur kann den Wert einer Immobilie erhöhen. Gebäude mit erneuerbarer Energieerzeugung sind attraktiv für Käufer und Mieter, da sie als umweltfreundlich und nachhaltig gelten. Solche Gebäude können auch von staatlichen Anreizprogrammen und Förderungen profitieren.

- Die moderne PV-Technologie bietet eine Vielzahl von Gestaltungsmöglichkeiten, um PV-Module nahtlos in die Gebäudehülle zu integrieren. Gebäudeintegrierte PV-Systeme, Solarfassaden und Solardächer können ästhetisch ansprechend gestaltet werden und das architektonische Erscheinungsbild des Gebäudes verbessern. Dies ermöglicht eine harmonische Integration von erneuerbarer Energieerzeugung und Designansprüchen.

- Die Integration von PV-Systemen in die Architektur ermöglicht die Nutzung bisher ungenutzter Flächen wie Dachflächen, Fassaden oder Sonnenschutzstrukturen. Dadurch wird der verfügbare Raum effizient genutzt, ohne zusätzliche Flächen zu beanspruchen. Dies ist besonders in städtischen Gebieten mit begrenztem Platzangebot von Vorteil.

- Umweltfreundlichkeit und Nachhaltigkeit: PV-Systeme produzieren saubere und erneuerbare Energie ohne schädliche Emissionen. Durch die Integration von PV-Systemen in die Architektur wird der ökologische Fußabdruck eines Gebäudes reduziert und ein Beitrag zur nachhaltigen Entwicklung geleistet. Dies ist ein wichtiges Kriterium in Zeiten des Klimawandels und steigender Umweltbewusstsein.

## 5.2. Photovoltaik in der Mobilität

Photovoltaik (PV) spielt eine immer wichtigere Rolle in der Mobilität, insbesondere im Hinblick auf den Übergang zu saubereren und nachhaltigeren Transportmitteln. Die Integration von PV-Systemen in Fahrzeugen und Infrastrukturen eröffnet neue Möglichkeiten zur Energieerzeugung und zur Reduzierung der Abhängigkeit von fossilen Brennstoffen. Hier sind einige Aspekte der Photovoltaik in der Mobilität:

- Ein vielversprechender Ansatz ist die Integration von PV-Modulen auf den Dächern von Elektrofahrzeugen. Diese Solardächer können Sonnenlicht einfangen und in elektrische Energie umwandeln, um die Batterien des Fahrzeugs aufzuladen. Obwohl die erzeugte Energie begrenzt ist, kann sie den Energieverbrauch des Fahrzeugs ergänzen und die Reichweite verlängern. Dies ist besonders vorteilhaft für Fahrzeuge, die längere Zeit in der Sonne geparkt werden, beispielsweise auf Parkplätzen oder während des Arbeitsalltags.

- PV-Systeme können auch in Ladestationen für Elektrofahrzeuge integriert werden. Indem Solarmodule auf dem Dach oder an der Struktur der Ladesäule installiert werden, können sie Sonnenlicht einfangen und direkt in elektrische Energie umwandeln, um die Fahrzeuge aufzuladen. Solare Ladesäulen können eine nachhaltige und unabhängige Energieversorgung für Elektrofahrzeuge bieten und dazu beitragen, die $CO_2$-Emissionen im Verkehrssektor weiter zu reduzieren.

- Photovoltaik-Infrastrukturen: Zusätzlich zur Integration von PV-Modulen in Fahrzeuge und Ladesäulen gibt es auch Ansätze, PV-Systeme in die Verkehrsinfrastruktur einzubinden. Beispielsweise können PV-Module auf Brücken, Autobahnen, Parkplätzen oder Bahnstrecken installiert werden, um erneuerbare Energie zu erzeugen. Diese Energie kann direkt in das Stromnetz eingespeist oder zur Versorgung von Straßenbeleuchtung, Verkehrsleitsystemen oder anderen elektrischen Einrichtungen genutzt werden. Solche PV-Infrastrukturen tragen zur nachhaltigen Entwicklung des Verkehrsnetzes bei und bieten eine zusätzliche Energiequelle.

- Es gibt auch Forschung und Entwicklung im Bereich solarbetriebener Fahrzeuge. Hierbei werden PV-Module direkt in die Fahrzeugoberfläche integriert, um Sonnenlicht einzufangen und den Antrieb des Fahrzeugs zu unterstützen. Solche solarbetriebenen Fahrzeuge können als Ergänzung zum Batteriesystem dienen und den Energieverbrauch reduzieren. Obwohl sie derzeit noch begrenzte Reichweiten haben, können sie insbesondere in Regionen mit viel Sonneneinstrahlung und für spezielle Anwendungen wie Solarfahrzeuge im Rennsport oder bei Rekordversuchen eingesetzt werden.

## 5.3. Photovoltaik in der Landwirtschaft

Die Integration von Photovoltaik (PV) in die Landwirtschaft eröffnet vielfältige Möglichkeiten, erneuerbare Energie zu erzeugen und gleichzeitig landwirtschaftliche Flächen effizient zu nutzen. Die Kombination von PV-Systemen und landwirtschaftlicher Produktion kann sowohl ökologische als auch ökonomische Vorteile bieten. Hier sind einige Aspekte der Photovoltaik in der Landwirtschaft:

- Agri-PV bezeichnet die Kombination von landwirtschaftlicher Produktion und PV-Anlagen. Dabei werden die PV-Module über den Feldern oder in unmittelbarer Nähe zu den landwirtschaftlichen Nutzflächen installiert. Diese Art der Integration ermöglicht es, landwirtschaftliche Flächen effizient zu nutzen, da sie gleichzeitig zur Energieerzeugung und zur landwirtschaftlichen Produktion genutzt werden können. Die PV-Module bieten Schutz vor direkter Sonneneinstrahlung und reduzieren die Verdunstung des Wassers, was insbesondere für empfindliche Pflanzen von Vorteil sein kann.

- Solarpumpen: In vielen landwirtschaftlichen Betrieben ist der Einsatz von Wasser zur Bewässerung von entscheidender Bedeutung. Die Verwendung von solarbetriebenen Pumpen ermöglicht es, Wasser aus Brunnen oder Flüssen mit Hilfe von Sonnenenergie zu fördern. Die PV-Module wandeln das Sonnenlicht in elektrische Energie um, die direkt zur Versorgung der Pumpen genutzt wird. Solarpumpen sind eine nachhaltige Alternative zu konventionellen, dieselbetriebenen Pumpen und können zur Kostenersparnis beitragen.

- PV-Systeme in der Landwirtschaft können auch mit Energiespeichersystemen kombiniert werden, um den erzeugten Strom zu speichern und bei Bedarf zu nutzen. Dies ist besonders nützlich, um den Stromverbrauch in Spitzenzeiten abzudecken oder den Eigenverbrauch von erneuerbarer Energie zu maximieren. Energiespeicher ermöglichen eine kontinuierliche Stromversorgung, unabhängig von den Schwankungen der Sonneneinstrahlung.

- Neben der Integration von PV-Systemen auf landwirtschaftlichen Feldern können auch Dachflächen von landwirtschaftlichen Gebäuden oder Scheunen sowie ungenutzte Freiflächen für die Installation von PV-Modulen genutzt werden. Die erzeugte Energie kann zur Deckung des Eigenbedarfs der landwirtschaftlichen Betriebe verwendet oder in das öffentliche Netz eingespeist werden. Dies kann zu zusätzlichen Einnahmequellen für Landwirte führen und gleichzeitig zur Reduzierung des $CO_2$-Fußabdrucks beitragen.

- Nachhaltige Landwirtschaft: Die Integration von PV-Systemen in die Landwirtschaft unterstützt den Übergang zu einer nachhaltigen Landwirtschaft. Durch die Nutzung erneuerbarer Energiequellen wird der Einsatz fossiler Brennstoffe reduziert und der ökologische Fußabdruck der landwirtschaftlichen Betriebe verringert. Dies ist besonders relevant in Zeiten des Klimawandels und steigender Anforderungen an umweltfreundliche Praktiken in der Landwirtschaft

# 6. Effizienzsteigerung und Zukunftsperspektiven

## 6.1. Technologische Fortschritte zur Steigerung der Effizienz von Solarzellen

In den letzten Jahren haben bedeutende Fortschritte bei der Steigerung der Effizienz von Solarzellen stattgefunden. Diese technologischen Entwicklungen haben dazu beigetragen, die Leistungsfähigkeit der Photovoltaik weiter zu verbessern und die Kosten für die Solarenergiegewinnung zu senken.

Eine vielversprechende Entwicklung sind die Mehrfachsolarzellen. Durch den Einsatz mehrerer Schichten aus verschiedenen Halbleitermaterialien sind diese Solarzellen in der Lage, verschiedene Wellenlängen des Sonnenlichts effizienter zu nutzen. Jede Schicht ist auf einen bestimmten Teil des Lichtspektrums optimiert, was zu einer insgesamt höheren Effizienz führt. Insbesondere in konzentrierenden Photovoltaiksystemen, bei denen das Sonnenlicht auf kleine hoch effiziente Solarzellen fokussiert wird, werden Mehrfachsolarzellen erfolgreich eingesetzt.

Ein weiterer vielversprechender Ansatz sind Perowskitsolarzellen. Perowskit ist ein Material, das als aktive Schicht in Solarzellen verwendet wird.

Perowskitsolarzellen haben das Potenzial, hohe Wirkungsgrade zu erreichen und können kostengünstig hergestellt werden. Sie sind in der Lage, verschiedene Wellenlängen des Lichts zu absorbieren und weisen eine hohe Ladungsträgermobilität auf, was zu einer verbesserten Energieumwandlung führt.

Die Verwendung von Tandemsolarzellen ist ebenfalls ein wichtiger Fortschritt. Tandemsolarzellen bestehen aus zwei oder mehreren Schichten von Solarzellen, die jeweils verschiedene Teile des Lichtspektrums absorbieren. Durch die Kombination von Materialien mit unterschiedlichen Bandlücken kann eine höhere Lichtabsorption und eine effizientere Nutzung des Sonnenspektrums erreicht werden. Dies führt zu höheren Wirkungsgraden und einer besseren Leistung bei schwachen Lichtverhältnissen.

Um den Wirkungsgrad von Solarzellen weiter zu verbessern, werden zunehmend Passivierungsschichten eingesetzt. Diese Schichten werden auf der Oberfläche der Solarzelle aufgebracht, um Oberflächendefekte zu minimieren und die Rekombination von Ladungsträgern zu reduzieren. Durch die Verwendung von Passivierungsschichten können Solarzellen eine höhere Ausbeute an erzeugtem Strom erzielen.

Eine weitere vielversprechende Technologie sind Dünnschichtsolarzellen. Diese bestehen aus sehr dünnen Schichten von Halbleitermaterialien, die auf

Substrate wie Glas oder flexible Folien aufgebracht werden. Dünnschichtsolarzellen bieten Vorteile in Bezug auf Materialkosten und Herstellungsverfahren. Durch die Optimierung der Schichtstruktur und der Oberflächenpassivierung können Dünnschichtsolarzellen hohe Wirkungsgrade erreichen und haben das Potenzial, in einer Vielzahl von Anwendungen eingesetzt zu werden.

Diese technologischen Fortschritte haben die Effizienz von Solarzellen kontinuierlich gesteigert. Der Forschungs- und Entwicklungsprozess in der Photovoltaikbranche ist jedoch noch immer im Gange, und es werden weiterhin neue Ansätze erforscht, um die Leistungsfähigkeit und Kosteneffizienz von Solarzellen zu verbessern. Mit diesen Innovationen wird die Photovoltaik weiterhin einen bedeutenden Beitrag zur nachhaltigen Energieerzeugung leisten.

## 6.2. Trends in der Photovoltaik-Branche

In der Photovoltaik-Branche gibt es derzeit eine Reihe von Trends, die die Fortschritte und Entwicklungen in dieser Technologie vorantreiben. Ein wichtiger Trend ist die kontinuierliche Verbesserung der Effizienz von Solarzellen. Durch den Einsatz neuer Materialien, Technologien und Produktionsverfahren strebt die

Branche danach, den Wirkungsgrad von Solarzellen kontinuierlich zu steigern. Das Ziel ist es, mehr Sonnenlicht in elektrische Energie umzuwandeln und so die Leistungsfähigkeit der Photovoltaik zu verbessern.

Ein weiterer Trend ist die Integration von Energiespeichersystemen in Photovoltaikanlagen. Die Entwicklung und Nutzung von Batterien und anderen Speichertechnologien ermöglicht es, den erzeugten Solarstrom zu speichern und bei Bedarf abzurufen. Dies erhöht die Flexibilität der Photovoltaikanlagen und ermöglicht eine kontinuierliche Stromversorgung, auch wenn die Sonne nicht scheint.

Intelligente Energiemanagementsysteme spielen ebenfalls eine immer wichtigere Rolle. Durch den Einsatz von Datenanalyse, Künstlicher Intelligenz und dem Internet der Dinge können Photovoltaikanlagen optimiert und der Energiefluss gesteuert werden. Diese Systeme ermöglichen eine verbesserte Überwachung, Diagnose und Steuerung der Anlagen, um die Effizienz zu maximieren und den Energieverbrauch zu optimieren.

Ein weiterer wichtiger Trend ist die Entwicklung von Solarmodulen mit erhöhter Haltbarkeit und Zuverlässigkeit. Durch die Verbesserung der Materialien und der Konstruktion können die Lebensdauer der Module verlängert und ihre Leistung unter verschiedenen Bedingungen aufrechterhalten werden. Dies trägt zur Reduzierung der Betriebs- und Wartungskosten von

Photovoltaikanlagen bei und erhöht ihre Rentabilität.

Die Integration von Photovoltaik in die Gebäudearchitektur und die Infrastruktur ist ein aufstrebender Trend. Gebäudeintegrierte Photovoltaik (BIPV) beinhaltet die Integration von Solarmodulen in Fassaden, Dächern, Fenstern und anderen Bauelementen. Dies ermöglicht es, Photovoltaik als integralen Bestandteil des Gebäude- und Stadtdesigns zu nutzen und vor Ort saubere Energie zu erzeugen.

Des Weiteren gewinnen Solarfarms und Megawatt-Projekte an Bedeutung. Durch den Bau von großen Solaranlagen können erhebliche Mengen an Solarenergie erzeugt werden, um den steigenden Bedarf an sauberer Energie zu decken. Die kontinuierliche Kostenreduktion bei der Photovoltaik hat solche Großprojekte wirtschaftlich rentabel gemacht.

Diese Trends verdeutlichen, dass die Photovoltaik-Branche dynamisch und innovativ ist. Durch Forschung, technologische Weiterentwicklung und die Integration von Photovoltaik in verschiedene Bereiche wird diese Technologie eine immer wichtigere Rolle bei der Energieversorgung der Zukunft spielen.

## 6.3. Potenziale der Photovoltaik für eine nachhaltige Energiezukunft

Die Photovoltaik bietet enorme Potenziale für eine nachhaltige Energiezukunft. Als erneuerbare Energiequelle nutzt sie das unerschöpfliche Sonnenlicht, um elektrische Energie zu erzeugen. Im Gegensatz zu fossilen Brennstoffen ist Sonnenlicht eine erneuerbare Ressource, die langfristig verfügbar ist. Durch die verstärkte Nutzung der Photovoltaik können wir unseren Energiebedarf decken, ohne die begrenzten fossilen Brennstoffe weiter zu erschöpfen.

Ein bedeutendes Potenzial der Photovoltaik liegt im Klimaschutz. Da bei der Umwandlung von Sonnenlicht in elektrische Energie keine Treibhausgasemissionen entstehen, trägt die Photovoltaik zur Reduzierung der Klimaerwärmung bei. Durch den verstärkten Einsatz von Photovoltaik können wir den Ausstoß von klimaschädlichen Gasen drastisch reduzieren und einen wichtigen Beitrag zur Bekämpfung des Klimawandels leisten.

Die Photovoltaik ermöglicht auch eine dezentrale Energieerzeugung. PV-Systeme können auf Dächern von Gebäuden, auf Freiflächen oder in landwirtschaftlichen Betrieben installiert werden. Diese dezentrale Energieerzeugung reduziert den Bedarf an langen Übertragungsleitungen und verringert Energieverluste während des Transports. Zudem verbessert sie die

Energieversorgung in abgelegenen Gebieten, wo der Anschluss an das Stromnetz schwierig ist.

Neben den ökologischen Vorteilen bietet die Photovoltaik auch wirtschaftliche Vorteile. Durch den Einsatz von PV-Anlagen können Energiekosten gesenkt und langfristige Einsparungen erzielt werden. Darüber hinaus schafft die Photovoltaikindustrie Arbeitsplätze in den Bereichen Entwicklung, Produktion, Installation und Wartung von PV-Systemen. Dies trägt zur wirtschaftlichen Entwicklung bei und stärkt die lokale Wertschöpfung.

Die technologische Weiterentwicklung der Photovoltaik spielt eine wichtige Rolle bei der Realisierung ihres Potenzials. Durch neue Materialien, verbesserte Herstellungsverfahren und innovative Konzepte werden Solarzellen und Module immer effizienter. Dies eröffnet neue Möglichkeiten für die Integration von Photovoltaik in unterschiedliche Anwendungen und fördert die Forschung und Entwicklung auf diesem Gebiet.

Die Kombination von Photovoltaik mit Energiespeichertechnologien ermöglicht eine kontinuierliche Stromversorgung, auch wenn die Sonne nicht scheint. Durch die Speicherung überschüssiger Solarenergie können Photovoltaik-Anlagen einen größeren Anteil zur Deckung des Strombedarfs beitragen und die Zuverlässigkeit erneuerbarer Energien erhöhen.

Die Photovoltaik hat das Potenzial, eine nachhaltige und kohlenstoffarme Energiezukunft zu gestalten. Indem wir verstärkt auf Photovoltaik setzen, können wir unseren Energiebedarf decken, den Klimawandel bekämpfen und gleichzeitig wirtschaftliche und technologische Vorteile erzielen. Es ist wichtig, weiterhin in die Forschung, Entwicklung und Implementierung von Photovoltaiktechnologien zu investieren, um das volle Potenzial dieser nachhaltigen Energiequelle auszuschöpfen und eine nachhaltige Energiezukunft zu verwirklichen.

# 7. Berechnungsbeispiel

## 7.1. Einfamilienhaus

1. Schritt: Ermittlung des Energiebedarfs:

- Der durchschnittliche jährliche Stromverbrauch des Einfamilienhauses beträgt beispielsweise 4.000 kWh.

2. Schritt: Berechnung der benötigten Leistung der Photovoltaikanlage:

- Annahme einer durchschnittlichen Sonneneinstrahlung von 1.000 kWh pro Quadratmeter pro Jahr (abhängig von der Region).

- Angenommen, der Wirkungsgrad der Photovoltaikmodule beträgt 15%.

- Die benötigte Leistung der Photovoltaikanlage lässt sich wie folgt berechnen: Benötigte Leistung = Energiebedarf / (Jährliche Sonneneinstrahlung pro Quadratmeter * Wirkungsgrad der Module) Benötigte Leistung = 4.000 kWh / (1.000 kWh/m² * 0,15) ≈ 26,67 kWp

3. Schritt: Bestimmung der Modulanzahl:

- Angenommen, die installierten Photovoltaikmodule haben eine Nennleistung von 300 Wp pro Modul.

- Anzahl der Module = Benötigte Leistung / Nennleistung pro Modul

- Anzahl der Module = 26,67 kWp / 0,3 kWp ≈ 89 Module (aufgerundet)

4. Schritt: Platzbedarf der Photovoltaikanlage:

- Angenommen, jedes Modul hat eine Fläche von etwa 1,6 Quadratmetern.

- Platzbedarf der Photovoltaikanlage = Anzahl der Module * Modulfläche

- Platzbedarf der Photovoltaikanlage = 89 Module * 1,6 m² ≈ 142,4 m²

Bitte beachten Sie, dass dies ein vereinfachtes Beispiel ist und verschiedene Faktoren wie die geografische Lage, Ausrichtung und Neigungswinkel der Module, Verschattungseffekte und spezifische lokale Bedingungen berücksichtigt werden sollten. Eine genaue Berechnung erfordert eine detailliertere Analyse und Beratung durch einen Fachmann oder ein Photovoltaik-Unternehmen.

## 7.2. Gewerbebetrieb

1. Schritt: Ermittlung des Energiebedarfs:

- Der durchschnittliche jährliche Stromverbrauch des Gewerbebetriebs beträgt beispielsweise 20.000 kWh.

2. Schritt: Berechnung der benötigten Leistung der Photovoltaikanlage:

- Angenommen, der Gewerbebetrieb befindet sich in einer Region mit durchschnittlicher Sonneneinstrahlung von 1.000 kWh pro Quadratmeter pro Jahr.

- Annahme eines Wirkungsgrads der Photovoltaikmodule von 18%.

- Die benötigte Leistung der Photovoltaikanlage lässt sich wie folgt berechnen: Benötigte Leistung = Energiebedarf / (Jährliche Sonneneinstrahlung pro Quadratmeter * Wirkungsgrad der Module) Benötigte Leistung = 20.000 kWh / (1.000 kWh/m² * 0,18) ≈ 111,11 kWp

3. Schritt: Bestimmung der Modulanzahl:

- Angenommen, die installierten Photovoltaikmodule haben eine Nennleistung von 300 Wp pro Modul.

- Anzahl der Module = Benötigte Leistung / Nennleistung pro Modul

- Anzahl der Module = 111,11 kWp / 0,3 kWp ≈ 370 Module (aufgerundet)

4. Schritt: Platzbedarf der Photovoltaikanlage:

- Angenommen, jedes Modul hat eine Fläche von etwa 1,6 Quadratmetern.

- Platzbedarf der Photovoltaikanlage = Anzahl der Module * Modulfläche

- Platzbedarf der Photovoltaikanlage = 370 Module * 1,6 m² ≈ 592 m²

Bitte beachten Sie, dass dies ein vereinfachtes Beispiel ist und verschiedene Faktoren wie die geografische Lage, Ausrichtung und Neigungswinkel der Module, Verschattungseffekte und spezifische lokale Bedingungen berücksichtigt werden sollten. Eine genaue Berechnung erfordert eine detailliertere Analyse und Beratung durch einen Fachmann oder ein Photovoltaik-Unternehmen.

# 8. Fördermöglichkeiten

Für Photovoltaikanlagen gibt verschiedene Fördermöglichkeiten von der KfW, dem Bafa und/oder regionale
Fördertöpfe. Sowohl als Zuschuss zur Investition als
auch als zinsgünstigen Kredit. Da sich die
Förderprogramme immer wieder ändern und auch
verschiedene Förderprogramme gibt, kann hier leider
keine umfangreiche    Zusammenstellung aufgeführt
werden. Unter folgenden Link: https://foerderdata.de/
können sie sich für ihr Projekt die optimale
Fördermöglichkeit aus verschiedenen Fördertöpfen
zusammen stellen.

Die **Kreditanstalt für Wiederaufbau (KfW)** hat Programme 270, weitere Infos hierzu: https://www.kfw.de/inlandsfoerderung/Privatpersonen/Ne ubau/F%C3%B6rderprodukte/Erneuerbare-Energien-(270)/

Auch Ladestationen für Elektro-Autos werden von der KfW gefördert, hierfür gibt es das Fördeprogramm 440: https://www.kfw.de/inlandsfoerderung/Privatpersonen/Ne ubau/F%C3%B6rderprodukte/Ladestationen-f%C3%BCr-Elektroautos-Wohngeb%C3%A4ude-(440)/

Sie können aber auch einen Energieberater fragen, der sucht ihnen die passenden Förderprogramme heraus

https://energieberater-bauernfeind.dgusv.de/

# 9. Anlagen, die nicht mehr gefördert werden

*„Die feste Einspeisevergütung von selbst erzeugtem Solarstrom in das öffentliche Netz ist auf 20 Jahre begrenzt. Ein profitabler Weiterbetrieb ist in einigen Fällen jedoch auch danach möglich."*

Darauf weist das vom Umweltministerium Baden-Württemberg geförderte Informationsprogramm Zukunft Altbau hin. Es gibt mehrere Modelle für den Weiterbetrieb von Photovoltaikanlagen die älter als 20 Jahre sind. Am 01.01.2021 ist eine Novelle des Erneuerbare-Energien-Gesetz (EEG) in Kraft getreten. Dadurch besteht die Möglichkeit, den Solarstrom wie bislang vollständig dem Netzbetreiber zur Verfügung zu stellen. Dafür gibt es eine „Einspeisevergütung light". Außerdem können Anlageneigentümer auch einen Mix aus Einspeisung und Eigenverbrauch wählen. Ab einer installierten Leistung von fünf Kilowatt lohnt sich diese Weiternutzung der Solaranlage. Auch die Installation einer neuen Anlage ist möglich.

Diverse Vergütungsmodelle sichern wirtschaftlichen Weiterbetrieb. In den folgenden Jahren werden es immer mehr Anlagen, bis 2033 sollen es insgesamt eine Million sein. Für die Betreiber fällt damit eine feste Einnahmequelle weg. Um einen wirtschaftlichen

Weiterbetrieb zu sichern, gibt es inzwischen mehrere Vergütungsmodelle. Je mehr Photovoltaikanlagen am Stromnetz angeschlossen bleiben, desto besser ist dies für das Klima, daher lohnt sich der Weiterbetrieb von Photovoltaikanlagen, die älter als 20 Jahre sind.

Um die Solarstromanlage weiter wirtschaftlich betreiben zu können, sind keine hohen Einnahmen nötig. Nach einem 20-jährigen Betrieb einer Photovoltaikanlage vollständig abgeschrieben sein. Danach müssen dann nur noch minimale Kosten für Wartung, Versicherung und eine mögliche Reparatur aufwenden sowie einen Eigenverbrauchszähler erwerben.

Für die meist kleinen Volleinspeisungsanlagen zahlt der Netzbetreiber künftig weiterhin eine Einspeisevergütung. Die am 1. Januar 2021 in Kraft getretene EEG-Novelle ermöglicht eine „Einspeisevergütung light". Sie wird bis 2027 garantiert. Anlagenbetreiber erhalten den Jahres-marktwert für den eingespeisten Solarstrom. Er lag in den vergangenen Jahren zwischen drei und vier Cent pro Kilowattstunde. Davon abzuziehen sind Vermarktungskosten des Netzbetreibers in Höhe von 0,4 Cent pro Kilowattstunde. Je nach Größe der Photovoltaikanlage und der jährlichen Betriebskosten kann dieses Modell kostendeckend sein, viel Gewinn ist jedoch nicht möglich. Der Vorteil der Volleinspeisung liegt vor allem im geringen Aufwand.

# 10. Online-Auslegung

Mit dem Softwaretool „QuickPlan" haben sie sich jetzt **kostenlos** ihre eigene Photovoltaikanlage online auslegen. Klicken sie auf folgenden Link: https://energieberater-bauernfeind.de/photovoltaik-strom-aus-sonnenlicht . Geben sie einfach die Daten der ihnen zur Verfügung stehen Fläche ein und ergänzen sie die erforderlichen Angaben. Überschläglich erhalten sie die Erträge ihrer Photovoltaikanlage und somit die Einsparungen vom Strombezug. Außerdem können sie sich auch gleich ein Angebot von einer Firma aus ihrer Region zukommen lassen. Bevor die Photovoltaikanlage montiert wird, überprüft ein Fachmann alles auf die Richtigkeit. Selbstverständlich steht der Fachmann für weitere Fragen zur Verfügung.

Die Installation sollte unbedingt durch eine Fachfirma durchgeführt werden, damit auch alle Vorschriften eingehalten werden.

*Die folgenden Bildern sind ein Auszug aus einer Online-Auslegung. Hierbei handelt es sich um ein Musterbeispiel mit einer fiktiven Anlage. Es besteht kein Anspruch auf Vollständigkeit.*

## Drei Wege zum Angebot - Ihr individueller Pfad zur eigenen Solarstrom-Anlage

 Gewinnen Sie einen ersten Eindruck von den Möglichkeiten der Solarstromgewinnung auf Ihrem Dach, den Auswirkungen verschiedener Anlagenparameter und Ihres Energieverbrauchs auf die Wirtschaftlichkeit einer PV-Anlage, sowie den Optionen zur Steigerung Ihres Eigenverbrauchs bzw. der Rendite für Ihr eingesetztes Kapital.

Sie haben die Wahl: Sie können einfach nur Ihre Kontaktdaten angeben, sich eine grobe Projektskizze erstellen lassen oder mit wenigen Mausklicks auf eigene Faust zu einer überschlägigen Bewertung der Erfolgsaussichten für Ihre geplante Solarstromanlage kommen.

Das ersetzt zwar nicht die Beratung durch einen Fachinstallateur, erzeugt aber aus den wichtigsten Erfolgsfaktoren schon mal ein sinnvolles Gesamtbild.

- **Schnelle und verlässliche Antworten**
- **Unverbindliche und kostenlose Information**
- **Individuell zugeschnitten und immer aktuell**

Auf Wunsch machen wir einen Online-Datenabgleich inkl. einer persönlichen Beratung.

Rufen Sie uns an: Tel. 0176 47958092

☑ Hiermit akzeptiere ich die Nutzungsbedingungen.

Modulfeld berechnen

*(Für Flächen mit abweichenden Neigungen oder Ausrichtungen bitte "weitere Dachfläche" nutzen.)*

    ○  mit Google Maps

    ◉  Daten manuell eingeben

Größe der Dachfläche

| | | |
|---|---|---|
| Dachlänge | 10 | m |
| Dachbreite | 10 | m |

Gibt es nicht belegbare Flächen (Sperrflächen)?

| | | |
|---|---|---|
| Sperrflächen | 0 | m² |
| behaubare Fläche | 100 | m² |

Dachneigung

0°       ■       80°       45 °

Südabweichung

Ost       ■       West       0 °

Verschattung    ○ ja    ◉ nein

weitere Eingaben (optional)

**Bitte beachten Sie:** Für die Berechnung von Preis, Größe und Ertrag der geplanten PV-Anlage sind Standardmodule mit 335 Wp Leistung und den Maßen 1720mm x 1040mm voreingestellt, sofern nicht bereits eine abweichende Modulauswahl durch Sie oder den Fachplaner erfolgt ist.

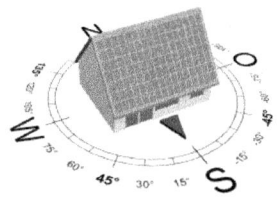

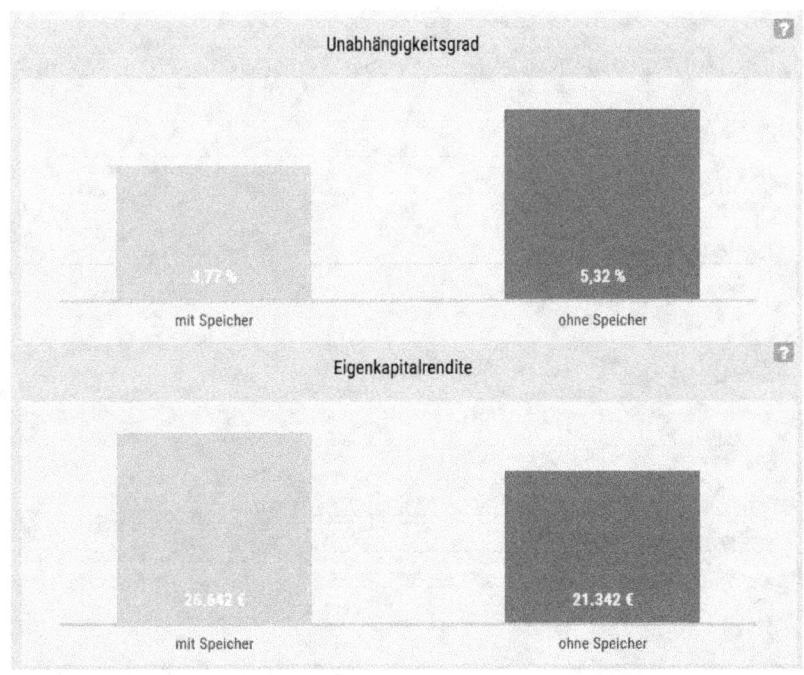

# 11. Zusammenfassung

Der Ratgeber "Photovoltaik - Strom aus Sonnenlicht" bietet einen umfassenden Überblick über die Photovoltaik und ihre vielfältigen Anwendungen. Es beginnt mit einer Einleitung, die die Bedeutung und Relevanz der Photovoltaik in der heutigen Welt betont und grundlegende Konzepte einführt. Es werden auch die Geschichte der Photovoltaik und ihre Entwicklung im Laufe der Zeit beleuchtet.

Der Inhalt des Ratgebers umfasst die Funktionsweise von Solarzellen und Photovoltaik-Modulen sowie den Aufbau und die Eigenschaften von Halbleitern in der Photovoltaik. Es werden auch die verschiedenen Einflussfaktoren auf die Effizienz von Solarzellen betrachtet, wie beispielsweise die Dachintegration, Ausrichtung, Hinterlüftung und Verschattungsfreiheit. Zudem werden die Batteriespeicherung und verschiedene Photovoltaik-Technologien wie monokristalline, polykristalline, Dünnschicht-, organische und Perowskit-Solarzellen behandelt.

Der Ratgeber widmet sich auch den Photovoltaik-Systemen und deren Aufbau und Funktion. Themen wie Netzeinspeisung, Eigenverbrauch, Dimensionierung von PV-Anlagen, Monitoring und Wartung werden ausführlich erläutert. Zudem werden die Integration von Photovoltaik in der Architektur, Mobilität und Landwirtschaft betrachtet.

Ein weiterer Schwerpunkt liegt auf den Effizienzsteigerungen und Zukunftsperspektiven der Photovoltaik. Es werden technologische Fortschritte zur Steigerung der Effizienz von Solarzellen diskutiert und aktuelle Trends in der Photovoltaik-Branche aufgezeigt. Zudem werden die Potenziale der Photovoltaik für eine nachhaltige Energiezukunft hervorgehoben.

Abgerundet wird der Ratgeber durch ein Berechnungsbeispiel für eine Photovoltaikanlage, Informationen zu Fördermöglichkeiten und nicht mehr geförderten Anlagen sowie die Möglichkeit einer Online-Auslegung von Photovoltaikanlagen.

Der Ratgeber "Photovoltaik - Strom aus Sonnenlicht" bietet einen umfassenden Einblick in die Welt der Photovoltaik und richtet sich sowohl an Anfänger als auch an fortgeschrittene Leser. Es dient als wertvolle Informationsquelle und Leitfaden für die Planung und Umsetzung eigener Photovoltaik-Projekte.

# 12. Glossar mit wichtigen Begriffen der Photovoltaik

**AC (engl.: alternating current, deutsch: Wechselstrom)**

Solarzellen und -module produzieren Gleichstrom, der von einem Wechselrichter in Wechselstrom (AC) umgewandelt werden muss, wenn dieser ins öffentliche Stromnetz eingespeist werden soll. Siehe auch DC.

**Bezugszähler**

Der Bezugszähler ist das Messinstrument, das den Bezug elektrischer Energie aus dem allgemeinen Versorgungsnetz in Kilowattstunden (kWh) zählt.

**Blitzschutz**

Photovoltaikanlagen können durch direkte als auch nahe Blitzeinschläge gefährdet werden. Die hohen Ströme und Spannungen sind für die Photovoltaikanlagen gefährlich werden. Daher ist es sinnvoll einen Blitzschutz zu installieren.

Ein Blitzschutz sollte unbedingt von einem Fachmann geplant und ausgeführt werden, denn ein falsch installierten Blitzschutz kann mehr Schaden anrichtet als schützen.

## Bypassdiode

Einzelne oder mehrere Solarzellen in einem Solarmodul können durch Laub, Verschmutzung oder Lichthindernisse abgeschattet werden. Eine abgeschattete Solarzelle, durch die der Strom der übrigen Zellen hindurchfließt, kann sich bis zur Zerstörung erhitzen (sog. »Hot-Spot«-Effekt). Um dies zu verhindern, wird der Strom mittels einer Bypassdiode automatisch an diesen Zellen vorbei geleitet. Ein Solarmodul hat je nach Zellenanzahl zwei bis vier Bypassdioden.

## DC (engl.: direct current, deutsch: Gleichstrom)

Beim Gleichstrom bleibt die Polariät unverändert. Im Gegensatz zum Wechselstrom (AC), der bei 50 Hz die Polarität 50 Mal pro Sekunde wechselt. Eine Batterie liefert beispielsweise ebenso Gleichstrom wie ein Solarmodul.

## DC-Trennstelle

Sobald Licht auf die Solarmodule trifft, liegt bei einer netzgekoppelten Photovoltaikanlage immer eine Gleich-spannung bis zum Wechselrichter an. Um die Gleichspannung z. B. bei einer Kontrollmessung der Anlage oder einem Notfall vom Wechselrichter abtrennen zu können, muss in jeder Photovoltaikanlage eine DC-Trennstelle eingebaut werden. Diese kann entweder als spezieller Steckkontakt am Wechselrichter oder vorzugsweise als DC-Hauptschalter ausgeführt werden.

## Einspeisezähler

Der Einspeisezähler ist das Messinstrument, das die ins allgemeine Versorgungsnetz eingespeiste elektrische Energie der Photovoltaikanlage in Kilowattstunden (kWh) zählt. Zählertypen: Wechselstromzähler bis zu einer Wechselrichternennleistung von 5kW. Drehstromzähler ab einer Wechselrichternennleistung von über 5kW.

## Globalstrahlung

Deutschland ist Sonnenland, wer meint, nur in südlichen Ländern würde sich die Installation einer Photovoltaikanlage lohnen, wird angenehm überrascht sein. Deutschland ist ein Sonnenland denn pro Quadratmeter erhalten wir durchschnittlich 50% der Strahlungsintensität, die auf die Sahara trifft. Die Mittlere Globalstrahlung liegt zwischen 950 und 1.175kWh/m². Und 80% von der kostenlosen Energie erhalten wir in den Monaten März bis November, da kann im Winter ruhig mal Schnee auf der Anlage liegen.

## *Mittlere Globalstrahlung in Deutschland*

| Bundesland | kWh/m² |
|---|---|
| Baden-Württemberg | 1050 – 1175 |
| Bayern | 975 - 1175 |
| Berlin und Brandenburg | 975 - 1050 |
| Hessen | 975 - 1100 |
| Mecklenburg-Vorpommern | 1000 - 1050 |
| Hamburg, Bremen und Niedersachsen | 950 - 1025 |
| Nordrhein-Westfalen | 950 - 1025 |
| Rheinland-Pfalz | 975 - 1125 |
| Saarland | 1050 - 1100 |
| Sachsen | 975 - 1100 |
| Sachsen-Anhalt | 975 - 1050 |
| Schleswig-Holstein | 950 - 1025 |
| Thüringen | 975 - 1050 |

Quelle: Deutscher Wetterdienst

## ENS

Einrichtung zur Netzüberwachung mit jeweils zugeordnetem allpoligem Schaltorgan in Reihe. Eine Photovoltaikanlage darf nur in ein einwandfrei funktionierendes öffentliches Stromnetz einspeisen. Ist das Netz defekt oder abgeschaltet, muss der Wechselrichter selbsttätig abschalten. Die ENS beinhaltet eine redundante Spannungs- und Frequenzüberwachung des Stromnetzes und wertet festgestellte Sprünge in der Netzimpedanz aus. Werden die eingestellten Grenzwerte überschritten, schaltet die ENS den Wechselrichter aus. Liegt die Netzspannung wieder an, geht der Wechselrichter von selbst wieder in Betrieb.

## Kurzschlussstrom

Der Kurzschlussstrom ist der maximale Strom in einem elektrischen Stromkreis, der entsteht, wenn die Spannung U an den Klemmen gleich Null ist. Der Kurzschlussstrom eines Solarmoduls wird im Datenblatt angegeben. Bei der Inbetriebnahme einer Photovoltaikanlage werden die Kurzschlussströme der Teilanlagen gemessen. Der Kurzschlussstrom eines Solarmoduls oder Solargenerators ist fast proportional zur Sonneneinstrahlung.

## kWh = Kilowattstunden

Einheit für elektrische Arbeit, entspricht der Leistung von einem Kilowatt über einen Zeitraum von einer Stunde. Der elektrische Energieertrag einer Photovoltaikanlage wird in kWh angegeben.

## kWp = Kilowatt-Peak

Einheit der maximalen (»peak«) Leistung eines Solarmoduls oder eines Solargenerators. Durch den üblichen Index »p« bei der Leistungseinheit wird darauf hingewiesen, dass die Leistung des Solarmoduls oder des Solargenerators unter Standard-Testbedingungen (STC) ermittelt wurde. Da Standard-Testbedingungen aufgrund der in der Praxis höheren Betriebstemperatur der Photovoltaikmodule nur selten erreicht werden, bleibt die Leistung eines Solarmoduls oder -generators im Betrieb meist unter der Spitzen- oder »Peak«-Leistung. Ein kWp entspricht 1000 Wp (Watt peak) bei Zellentemperatur 25°C.

## Leerlaufspannung (UL, UOC)

Die Leerlaufspannung ist die maximale Spannung in einem elektrischen Stromkreis, die entsteht, wenn der Strom gleich Null ist. Die Leerlaufspannung eines Solarmoduls wird auf dem Datenblatt angegeben. Bei der

Inbetriebnahme einer Photovoltaikanlage werden die Leerlaufspannungen der Teilanlagen gemessen. Die Leerlaufspannung eines Solarmoduls oder eines Solargenerators ist abhängig von der Temperatur der Module.

## Leistung

Leistung ist das Produkt aus Stromstärke (in Ampere) und elektrischer Spannung (in Volt) (aber nur zu einem Zeitpunkt). Das Ergebnis wird in Watt (W) oder Kilowatt (kW) ausgewiesen. Leistung über eine Zeitdauer wird in elektrischer Arbeit (kWh) ausgedrückt. Die Photovoltaikanlage hat eine Nennleistung, die in kWp ausgewiesen wird. Genau genommen ist es die Summe der Nennleistungen aller Module zusammen. Die Nennleistung des Wechselrichters liegt in der Regel darunter und wird in kW bezeichnet. Die tatsächliche Leistung der Photovoltaikanlage schwankt während der Einspeisedauer.

## Leistungstoleranz

Die herstellerseitige Toleranzangabe der Nennleistung eines Solarmoduls gibt den Bereich an, in dem die Leistungen der einzelnen Solarmodule liegen müssen. Bei der Verschaltung der Solarmodule zu Strängen sind Module mit kleiner Leistungstoleranz günstig, denn sie verringern die Fehlanpassung der Module zueinander und erhöhen damit den Ertrag der Photovoltaikanlage. Sehr geringe Toleranzen liegen beispielsweise bei ± 3%.


## Leistungsgarantie

Die Leistungsgarantie stellt eine erweiterte Garantie des Modulherstellers auf die Leistungsfähigkeit der Solarmodule dar. Qualitätsanbieter von Solarmodulen garantieren 80% der Leistung auf 20 oder 25 Jahre und evtl. 90 % der Leistung auf zehn oder zwölf Jahre. Sollte die Leistung eines Moduls unter diese Werte fallen, so ist der Modulhersteller verpflichtet, die fehlende Leistung nachzuliefern bzw. Ersatzmodule bereitzustellen.


## MPP (engl.: maximum power point)

MPP ist der Arbeitspunkt der maximalen Leistung einer Solarzelle, eines Solarmoduls oder eines Solargenerators. Der Wechselrichter hat die Aufgabe, den Solargenerator immer in seinem optimalen Arbeitspunkt (MPP) zu betreiben, um damit die maximal mögliche Leistung zu entnehmen. Da sich der MPP eines Solargenerators bei wechselnden Einstrahlungsbedingungen und Temperaturen ändert, muss der Wechselrichter möglichst schnell und genau die Veränderungen des MPP nachregeln.

## Potenzialausgleich

Unter dem Potenzialausgleich in Verbindung mit Photovoltaikanlagen versteht man die Verbindung aller elektrisch leitenden Gehäuseteile (Wechselrichter etc.) und Installationseinrichtungen (Solarmodulrahmen, Montagesystem) mit dem Gebäudepotenzialausgleich. Der Potenzialausgleich ist handwerklich sauber aus zuführen, um spätere Schäden durch Überspannungen zu vermeiden.

## Temperaturkoeffizient

Sowohl die Spannung als auch der Strom und somit auch die Leistung eines Solarmoduls sind abhängig von der Betriebstemperatur der Solarzelle. Der Temperatur-koeffizient gibt an, in welchem Maße sich die jeweilige Größe mit der Temperatur verändert. Die Spannung einer Solarzelle hat beispielsweise einen negativen Temperaturkoeffizient und sinkt damit bei steigender Temperatur. Der Strom hingegen steigt geringfügig an (kleiner positiver Temperaturkoeffizient). Insgesamt besitzt die Leistung einer Solarzelle bzw. eines Solarmoduls einen negativen Temperaturkoeffizienten. Je niedriger der Betrag dieses Temperaturkoeffizienten des Solarmoduls ist, umso weniger stark fällt die Leistung des Solargenerators bei Hitze im Sommer ab.

## Transformator (Trafo)

Wechselrichter für Photovoltaikanlagen formen den Gleichstrom in netzkonformen Wechselstrom um. Um die Spannung an das Netzniveau anzupassen, arbeiten viele Wechselrichter mit einem internen Transformator (Trafo). Es ist aber auch möglich, einen Wechselrichter ohne Trafo zu betreiben. Diese trafolosen Geräte haben einen höheren Wirkungsgrad und erwirtschaften daher in der Regel einen höheren Ertrag.

**Volt** = Elektrische Einheit für Spannung (V)

**Watt** = Elektrische Einheit für Leistung (W)

## Wirkungsgrad

Der Wirkungsgrad gibt die Effektivität der Energieumwandlung wieder. Wirkungsgrade von Solarmodulen liegen typischerweise bei 11 bis 17%, d. h. 11 bis 17 % der eingestrahlten Sonnenenergie wird in elektrische Energie umgewandelt. Bei Wechselrichtern liegen die Wirkungsgrade bei Umwandlung von Gleichstrom in Wechselstrom bei 90 bis 97% (vgl. Europäischer Wirkungsgrad von Wechselrichtern).

# 13. Buchempfehlungen

Die Nutzung von regenerativen Energien und das Energiesparen sind wichtige Schritte, um den Klimawandel zu bekämpfen und eine nachhaltige Zukunft zu schaffen. In diesen Buch werden einige grundlegende Konzepte und Technologien im Zusammenhang mit regenerativen Energien und Energiesparen vorstellen und Ihnen einige weitere Bücher empfehlen, die sich mit ähnlichen Themen befassen.

Diese Bücher können Ihnen dabei helfen, Ihr Verständnis für die Thema zu vertiefen, um neue Konzepte und Technologien zu entdecken.

Folgende Themen werden dabei behandelt:

- Blockheizkraftwerke (BHKW)

- Eisspeicherheizung

- Energiespartipps

- Klimawandel

- Solarthermie

- Wärmepumpen

## 13.1. Blockheizkraftwerke (BHKW)

Dieses Buch bietet einen umfassenden Überblick über Blockheizkraftwerke (BHKW), einer effizienten und umweltfreundlichen Technologie zur Strom- und Wärmegewinnung. Von der Funktionsweise bis zur Integration in Energienetze werden alle Aspekte behandelt. Dabei werden die Unterschiede zwischen verschiedenen BHKW-Typen erläutert und die Vorteile aufgezeigt, wie Geldersparnis und Beitrag zur Energiewende. Auch rechtliche Rahmenbedingungen, Investitions- und Betriebskosten sowie Fördermöglichkeiten werden betrachtet. Abgerundet wird das Buch durch einen Ausblick auf aktuelle Trends und Entwicklungen sowie das Potenzial und Perspektiven für BHKW. Ein unverzichtbares Handbuch für Interessierte.

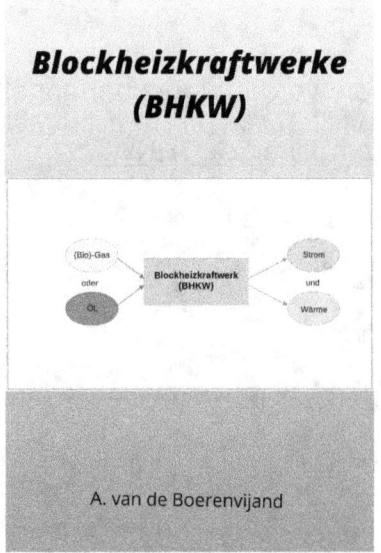

https://amzn.to/3o8NUKh

## 13.2. Eisspeicherheizung

"Heizen mit Eis? Das klingt ungewöhnlich, aber die Eisspeicherheizung ist eine innovative Technologie, die immer mehr Menschen begeistert. In unserem Buch 'Eisspeicherheizung - Heizen mit Eis?!' erfahren Sie alles, was Sie über diese umweltfreundliche Heiztechnologie wissen müssen. Wir erklären Ihnen nicht nur, wie die Eisspeicherheizung funktioniert, sondern zeigen auch, wie Sie diese Technologie kosteneffektiv und effizient nutzen können. Entdecken Sie die Vorteile der Eisspeicherheizung und erfahren Sie, wie Sie durch ihre Nutzung einen positiven Einfluss auf die Umwelt haben können. Dieses Buch ist eine unverzichtbare Lektüre für alle, die sich für innovative Heiztechnologien und Nachhaltigkeit interessieren."

**Eisspeicherheizung**

*Heizen mit Eis ?!*

A. van de Boerenvijand

https://amzn.to/3V3yyCl

### 13.3. Energiespartipps

Kennen sie das auch, ihr Strom- bzw. Gasversorger möchte in der Jahresabrechnung eine hohe Nachzahlung. Das muss nicht sein. In diesem Ratgeber erhalten sie 57 Tipps und Tricks, wie sie ihren Energieverbrauch und damit ihre Energiekosten für Strom und Gas senken können, ohne auf Komfort verzichten zu müssen. Schon durch kleine Maßnahmen, ohne großen Aufwand lässt sich der Energieverbrauch senken. Außerdem erhalten sie noch 2 Links zu einem kostenlosen Vergleichsportal, um den günstigsten Strom- bzw. Gasanbieter zu finden.

https://amzn.to/3v97p5i        https://amzn.to/3V2z1oH

## 13.3. Klimawandel

Das Wetter wird immer extremer, trockene Sommer mit Hitzeperioden (2018), Starkregen oder Sturm. Wissenschaftler haben festgestellt, das durch die Erderwärmung sich das die extremem Wetterereignisse in den nächsten Jahren noch verstärken wird. Gegen das Wetter kann man nichts machen. Aber das eigene Haus und Garten man kann Maßnahmen ergreifen um Schaden gering zu halten oder ab zu wenden. In den Ratgeber erhalten sie wertvolle Tipps, wie sie ihr Eigentum schützen können.

https://amzn.to/3XHShIS          https://bit.ly/3QcJDxA

## 13.4. Solarthermie

Der Ratgeber ist der perfekte Leitfaden für alle, die sich für die Verwendung von Solarthermie zur Heizung und Warmwasserbereitung interessieren. Es beleuchtet das Thema von verschiedenen Blickwinkeln aus und bietet eine vollständige Einführung in die Grundlagen der Solarthermie sowie detaillierte Anweisungen zur Installation, Inbetriebnahme und Wartung des Systems. Es behandelt auch die Integration in bestehende Heizsysteme, Anwendungen und Herausforderungen sowie Umweltvorteile und Investitions- und Betriebskosten. Zukünftige Entwicklungen und neue Technologien werden ebenfalls vorgestellt, einschließlich solarthermischer Kraftwerke. Eine umfassende und praktische Anleitung für jeden, der sich für die Nutzung der Sonnenenergie interessiert.

https://bit.ly/3qbsGvM

## 13.6. Wärmepumpen

Jeder hat sie, aber keiner kennt sie. Die Wärmepumpe ist aus technischer Sicht vergleichbar mit dem Kühlschrank. Beide transportieren Energie von einem niedrigeren Temperaturniveau auf ein höheres Temperaturniveau. Wieso das so ist, wie viele interessante Details es rund um die Wärmepumpe gibt, das erfahren Sie in diesem Ratgeber. Es geht unter anderem um Aufbau, Arten und Funktionen von Wärmepumpen sowie Wirtschaftlichkeit.

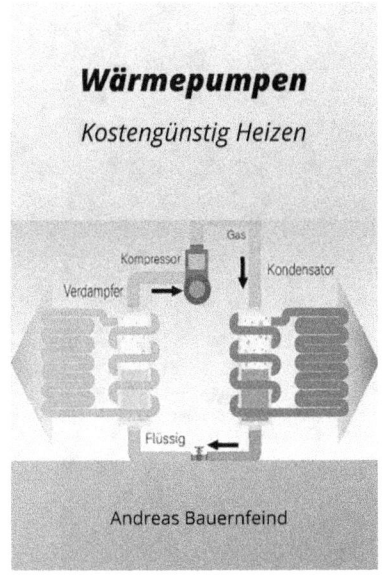 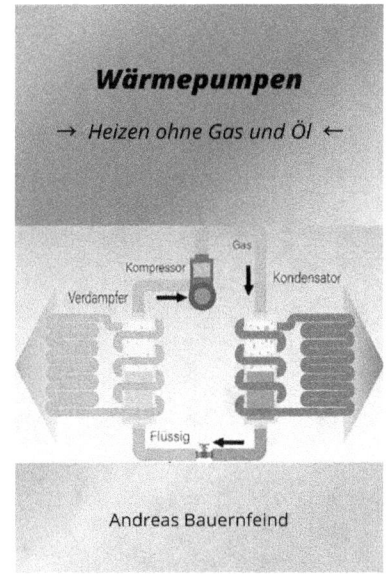

https://amzn.to/3GUgXbl    https://amzn.to/41AN3jY

# 14. Quellen

- https://energie-experten.org
- https://haustec.de
- https://pixabay.com/de/photos
- https://wikepedia.org
- https://www.verbraucherzentrale.de/wissen/
  energie/erneuerbare-energien/photovoltaik-was-
  bei-der-planung-einer-solaranlage-wichtig-ist-5574
- https://www.photovoltaik.org/
- https://www.zolar.de/beratung/photovoltaik-lexikon
- Unterrichtsmaterial von WBS-Training des Kurses:
  Projektmanger für regenerative Energien